Sitzungsberichte
der Akademie der Wissenschaften
der DDR
Mathematik – Naturwissenschaften – Technik

19 N
1979

Emons/Walter

Salz
Geschichte-Gegenwart-Zukunft

AKADEMIE-VERLAG · BERLIN

Sitzungsberichte
der Akademie der Wissenschaften
der DDR
Mathematik — Naturwissenschaften — Technik

Jahrgang 1979 · Nr. 19/N

Emons/Walter

Salz
Geschichte–Gegenwart–Zukunft

AKADEMIE-VERLAG · BERLIN
1979

Vortrag von Hans-Heinz Emons, Ordentliches Mitglied
der Akademie der Wissenschaften der DDR
und Dr. rer. nat. Hans-Henning Walter,
Bergakademie Freiberg, Sektion Chemie,
in der Sitzung der Klasse Chemie am 15. März 1979

Herausgegeben im Auftrage
des Präsidenten der Akademie
der Wissenschaften der DDR
von Vizepräsident Prof. Dr. Heinrich Scheel

Erschienen im Akademie-Verlag, 108 Berlin, Leipziger Str. 3—4

Lizenznummer: 202 · 100/276/79
Gesamtherstellung: VEB Druckhaus Köthen
Bestellnummer: 762 787 1 (2010/79/19/N) LSV 1425
Printed in GDR
DDR 6,50 M

Inhalt

Es kann der Sonnenhitz
Wie auch dem Salz der Erden
An Tugend und an Kraft
Ganz nichts verglichen werden [1].*

1. Einleitung

Natriumchlorid ist heute einer der entscheidenden Rohstoffe der chemischen Industrie und ein unentbehrlicher Hilfsstoff in vielen Gebieten der Produktionssphäre, des Gewerbes und generell des täglichen Lebens. Abbildung 1 zeigt ein Schema der Steinsalzverwertung. Von unmittelbarer Bedeutung für das Leben der Menschen ist dabei der direkte Einsatz als Speisesalz, als physiologische Kochsalzlösung und als Bestandteil der Tierernährung. Hauptverbraucher des NaCl sind jedoch die Verfahren der Alkalichloridelektrolyse und die Sodaindustrie. So wurden von den im Jahre 1977 in der DDR verbrauchten 1,5 Mill. t Steinsalz mehr als die Hälfte für die Elektrolyse eingesetzt und nur etwa 5% als Speisesalz ver-

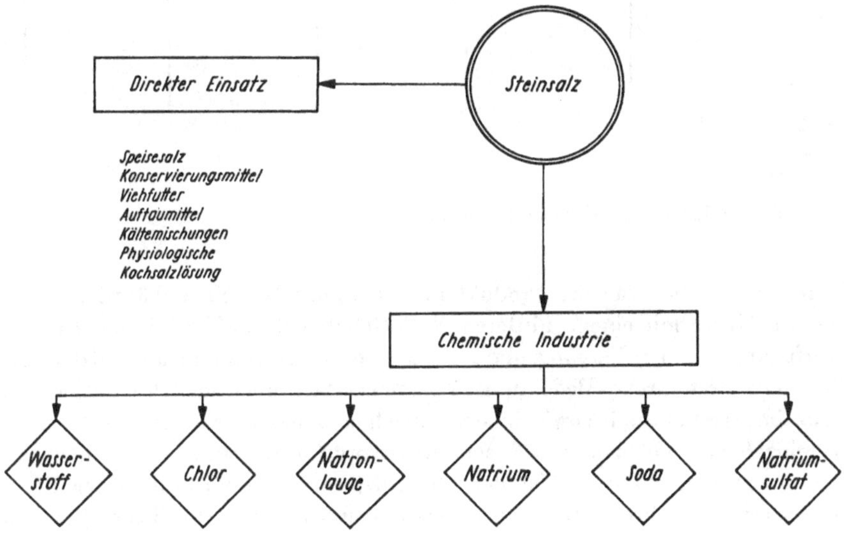

Abb. 1 Verwertung des Steinsalzes

* Dieser Satz des Plinius (23—79 u. Z.) sei den folgenden Ausführungen vorangestellt, die den Versuch beinhalten, eine einzige, noch dazu sehr einfache chemische Verbindung in den Mittelpunkt eines Klassenvortrags zu stellen.

braucht. Geringere Mengen werden für die Herstellung von Natriumsulfat und für die Schmelzflußelektrolyse benötigt. Auf diesen wenigen Grundchemikalien basiert ein beträchtlicher Teil der gesamten chemischen Industrie sowie einige andere Zweige der anorganischen stoffwandelnden Industrie. Abbildung 2 enthält eine Auswahl solcher Folgeprodukte. Dabei soll besonders auf die für uns wichtige Herstellung von chlorhaltigen Plastwerkstoffen, von Pestiziden, auf die Glas-, Papier- und Zellstoffindustrie sowie auf die Aluminiumgewinnung hingewiesen werden.

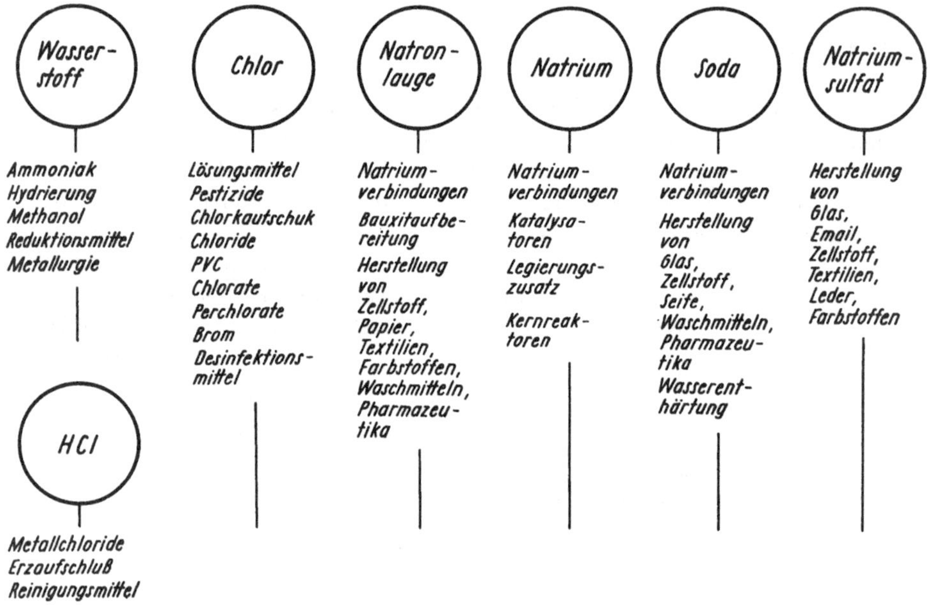

Abb. 2 Folgeprodukte der primären Steinsalzverarbeitung

Als Rohstoffquellen für die Produktion von Steinsalz stehen mächtige Lagerstätten, die Meere mit einem mittleren NaCl-Gehalt von 3,5% sowie die Salzseen zur Verfügung. In der Vergangenheit besaß die Salzgewinnung aus salzhaltigen Quellwässern noch große Bedeutung. Zahlenangaben über die Produktion von Steinsalz im Weltmaßstab sowie in den einzelnen Ländern sind in der Literatur nur vereinzelt vorhanden und z. T. sehr widersprüchlich. Letzteres vor allem deshalb, weil ein beträchtlicher Teil der Steinsalzproduktion nicht in fester Form, sondern als Sole die Produktionsstätten verläßt und in unterschiedlicher Weise in die Gesamtproduktion einbezogen wird. So wurden von den in der DDR 1973 produzierten 3,5 Mill. t NaCl 1,3 Mill. t als Sole abgegeben [2].

Abbildung 3 gibt zunächst einen Eindruck von der Entwicklung der Weltproduktion in den letzten 50 Jahren [3]. So verdoppelte sich im Zeitraum von 1960 bis 1970 die Produktionsmenge. Die wichtigsten steinsalzgewinnenden Länder sind

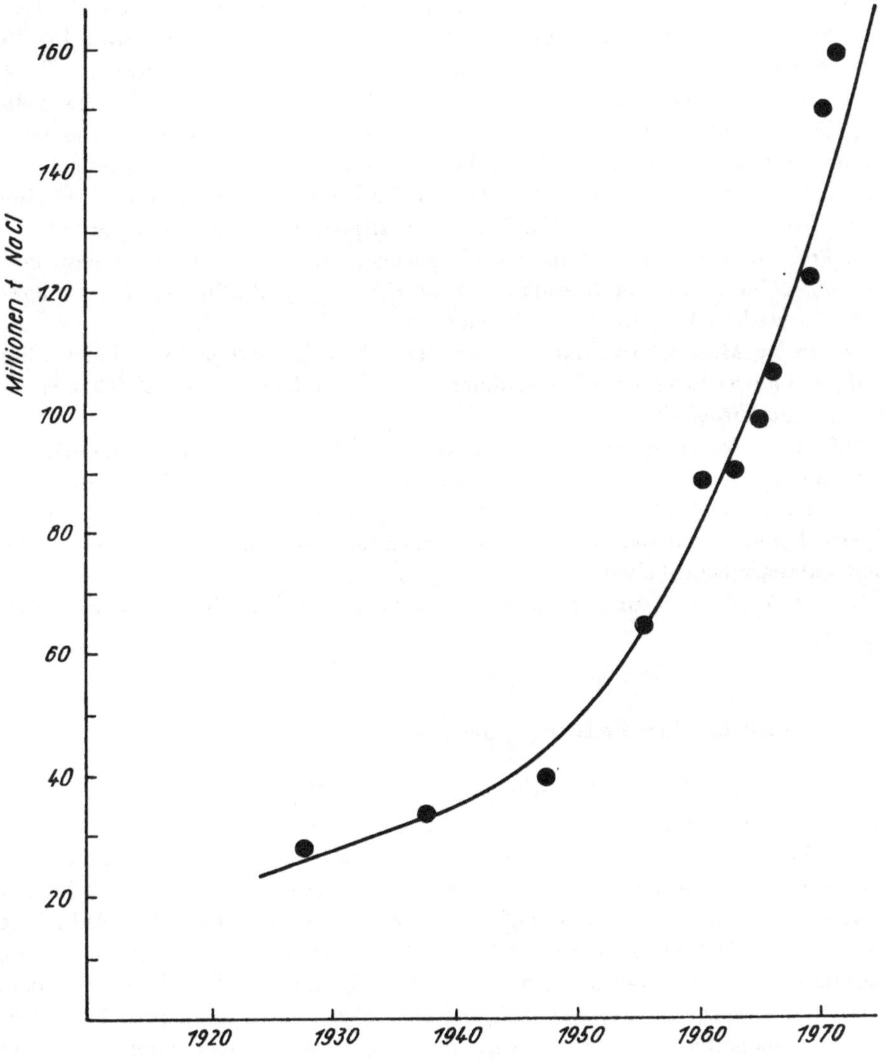

Abb. 3 NaCl-Weltproduktion im 20. Jahrhundert

heute die USA, China und die UdSSR, die 1973 zusammen mit etwa 50% an der Weltproduktion beteiligt waren [4].

Ein beträchtlicher Teil des Salzes wird aus den Meeren gewonnen. 1966 waren es in der Welt etwa 29% [4]; der Anteil dürfte sich bis heute noch weiter erhöht haben. Die Meersalzgewinnung wird in vielen Ländern der Erde betrieben.

Zu den Staaten, die ihren Bedarf fast ausschließlich durch Seesalz decken, gehören China, Indien, Japan, Brasilien, Italien und Spanien. Stark steigende Tendenz hat die Meersalzproduktion in Brasilien, die 1974 3 Mill. t erreichte [5]. In Mexiko wurden 1976 durch solare Verdunstung 6 Mill. t Steinsalz erzeugt [6]. In letzter Zeit sind es besonders die afrikanischen Länder, die die Rohstoffquelle Weltmeer für die Salzgewinnung nutzen. So produzierten die Meeressalinen von Siné-Saloum in Senegal Anfang der 70er Jahre bereits 140 000 t/a. Leistungsfähige Seesalinen sind u. a. in Kenia mit 80 000 t/a, in Togo mit 100 000 t/a und in der Republik Elfenbeinküste geplant [7]. Auch in Australien und Indien hat die Seesalzproduktion in den letzten Jahren stark zugenommen und soll weiter gesteigert werden. In Indien ist eine Seesaline mit 200 000 t/a geplant, in Australien (Shark Bay) eine solche mit 1 Mill. t/a im Endausbau [8].

Die größte Meeressaline Europas befindet sich in Torrevieja in Spanien (Bild 2 B), wo in zwei Lagunen mit zusammen 21 km^2 Oberfläche 1976 720 000 t Steinsalz erzeugt wurden [9].

Auf Grund der vielfältigen Rohstoffquellen sind heute praktisch alle Länder der Erde in der Lage, selbst Steinsalz zu erzeugen. Insbesondere die Anlagen zur Meersalzgewinnung (Bild 3 B), bei denen als Energiequelle die Sonnenenergie genutzt werden kann, bieten den wirtschaftlich schwachen Ländern günstige industrielle Entwicklungsmöglichkeiten.

Darauf wurde von uns in anderem Zusammenhang ausführlicher hingewiesen [10].

2. Zur geschichtlichen Bedeutung des Salzes

Die Spur des Salzes verliert sich im Dunkel der Urgeschichte. Solange der aus dem Tierreich hervortretende Mensch überwiegend Fleischnahrung zu sich nahm, in der die anorganischen Bestandteile und besonders auch das Natriumchlorid in annähernd der gleichen Konzentration wie im menschlichen Körper auftritt, hat noch kein unmittelbares physiologisches Bedürfnis nach zusätzlicher Aufnahme von reinem Salz bestanden. Erst mit dem Beginn der seßhaften Lebensweise, gekennzeichnet durch Ackerbau und verstärkte Aufnahme pflanzlicher Nahrung, wurde der Zusatz von Salz zur Nahrung ein unbedingtes Erfordernis. Der Übergang zur seßhaften Lebensweise wird heute für den Vorderen Orient mit dem 8. Jahrtausend v. u. Z., für Mitteleuropa mit dem 3. Jahrtausend angegeben. Daß die Menschen schon in ihrer Jagdperiode, also in der Altsteinzeit, das Salz zur Konservierung der in unregelmäßigen Abständen anfallenden Fleischmengen verwendet haben, ist des öfteren in der Literatur behauptet worden, belegen lassen sich diese Angaben kaum [11]. Ohnehin kann dies bei der ungleichmäßigen Verteilung gut zugänglicher Salzvorräte auf der Erde nur einem Bruchteil der Menschen möglich gewesen sein, zumal ja fruchtbare, lebensfördernde Gebiete und Salzlager in der Regel nicht identisch waren, wenn wir beispielsweise an die Ufer der Salzseen mit ihren auskristallisierten Salzkrusten denken.

Erste schriftliche Nachrichten über Gewinnung und Verwendung des Salzes gehen auf HERODOT (484–425 v. u. Z.) zurück, der von übertage liegenden natürlichen Salzlagern in Ägypten berichtet [12].

Sehr ausführliche Angaben finden wir in der „Historia naturalis" des PLINIUS (23–79 u. Z.). PLINIUS unterscheidet bereits drei Arten der Salzbereitung, aus Steinsalz, aus natürlichen Solen und aus Seewasser. Dabei ist der bergmännische Untertageabbau von Steinsalz und die Versiedung von Quellsolen eindeutig durch eine große Anzahl von Funden belegt, während uns Einzelheiten über Seesalinen erst aus der Römerzeit bekannt sind [13].

In Europa besaßen die Steinsalzbergwerke der östlichen Alpen eine besondere Bedeutung (Salzburg, Hallstatt, Dürrnberg, Hallein) [14], andere vorgeschichtliche Gewinnungsstätten wurden bei Kulp, nordwestlich des Ararat, und bei Camp Verde in Arizona gefunden [12]. Relativ viel ist über die Salzförderung in Hallstatt bekannt. Streufunde dieses Gebietes gehören dem Neolithikum an, eine temporäre Besiedlung zu dieser Zeit ist daher wahrscheinlich. Die bergmännische Salzgewinnung in Hallstatt läßt sich bereits für die frühe Bronzezeit eindeutig nachweisen (etwa um 2000 v. u. Z.).

Abb. 4 Stollen der bronzezeitlichen Salzgewinnung in Hallstatt/Oberösterreich (Aus: F. MORTON: Hallstatt und die Hallstattzeit. Verlag des Musealvereins. Hallstatt 1955)

Das Salz wurde in schräg abwärts gerichteten Stollen mit einer Länge von 300 bis 400 m und einer Tiefe bis 260 m aufgesucht, abgebaut und trocken zutage gefördert. Abbildung 4 zeigt einen der vor Jahrtausenden angelegten Stollen.

Überreste aus der Zeit des alten Abbaus, Balken und Bretter der Stollenverzimmerung, Leuchtspäne, der Förderung dienende Geräte, Bekleidungsreste, sind infolge der Salzkonservierung vorzüglich erhalten.

Auch einige sehr gut erhaltene Mumien prähistorischer Bergleute wurden im Mittelalter gefunden, die aber für die Forschung für immer verloren gingen, da sie, ohne untersucht oder wenigstens beschrieben worden zu sein, nach den damals herrschenden religiösen Ansichten sofort begraben werden mußten.

Die Häuerarbeit wurde mit Hilfe von Bronzebeilen und -pickeln vorgenommen. Abbildung 5 zeigt einige der zur Salzgewinnung verwendeten Werkzeuge.

Abb. 5 Werkzeuge zur Salzgewinnung in der Bronzezeit (Nach: A History of Technology. Vol. 1. Oxford 1967: Clarendon Press)

Die gewonnenen Salzblöcke von relativ einheitlicher Größe gelangten in dieser Form direkt in den Handel [14].

Aussagen über die vorgeschichtliche Gewinnung von Siedesalz gestalten sich wesentlich komplizierter. An vielen urgeschichtlichen Salzgewinnungsstätten Europas wurden massenhaft Bruchstücke von Ziegelmaterial (sog. Briquetagen) gefunden, die eindeutig mit der Siedesalzbereitung in Verbindung zu bringen sind, so beispielsweise im Seilletal in Lothringen, wo diese Funde zum ersten Male gemacht wurden, in Bad Nauheim, in Halle/Saale und mehreren anderen Stellen. Dabei ist eine Reihe dieser Funde bereits der jüngeren Bronzezeit, vielleicht sogar dem Neolithikum, zuzuordnen [15]. Die im Seilletal gefundenen riesigen Mengen zerbrochener Ziegelstücke, man fand auf einer 20 km langen Strecke bis zu 7 m mächtige Aufschüttungen, zeichnen sich durch wenig sorgfältige Handformung und intensive Zertrümmerung der ursprünglichen Formen aus (Abb. 6).

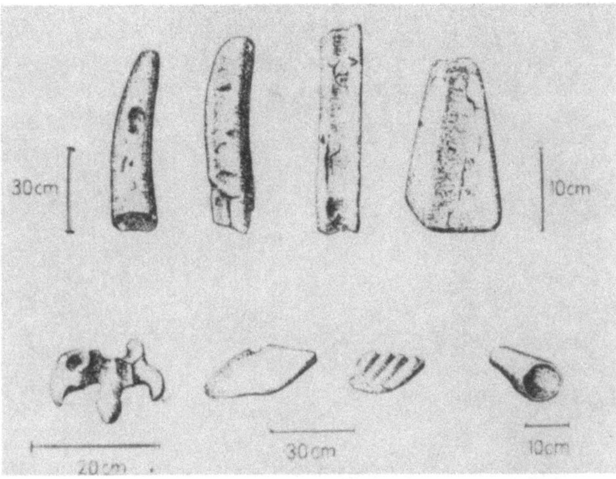

Abb. 6 Briquetagen (Fundgut aus Lothringen)

Heute besteht weitgehende Übereinstimmung darüber, daß diese Scherben im wesentlichen Reste von Gefäßen darstellen, die zur Trocknung und Normung des Salzes gedient haben [16]. In Halle/Saale wurde ein kleines Lager noch unbenutzter Salzmeßgefäße gefunden (Abb. 7). Die Trockenbehälter wurden nach Abschlagen des Fußes gleichzeitig als Schutz gegen Stoßschäden beim Handelstransport genutzt (Abb. 8) [16]. Interessant ist die Tatsache, daß an verschiedenen Fundstätten die alten Ziegelreste eine gleichmäßige und offenbar absichtlich hergestellte Porosität aufweisen. In den Poren finden sich verkohlte Reste einer brennbaren Substanz, die anscheinend der Tonmasse vor dem Brennen zugesetzt wurde. Versuche zeigten, daß in solchen porösen Tonstangen, die in die Sole gestellt wurden, infolge der Kapillarwirkung diese nach oben steigt und feuchtes Salz an den Tonoberflächen auskristallisiert [17]. Übrigens sind solche Funde nicht nur in Europa gemacht worden; so wurden auch in Japan urzeitliche Geräte zur Salzbereitung entdeckt, die eine frappierende Ähnlichkeit mit den aus unserem Gebiet bekannten Fundstücken aufweisen [18].

Die Salzgewinnungstechnik der bronze- und eisenzeitlichen Salzbereiter wird sich wohl nie mehr ganz eindeutig rekonstruieren lassen. Seit der Zeitenwende ist sie uns relativ gut bekannt, das soll später am Beispiel der Salinen von Halle/Saale eingehender gezeigt werden.

Im Leben der Menschheit hat das Salz stets eine bedeutende Rolle gespielt, seit durch den Übergang zu mehr pflanzlicher Nahrung ein unmittelbares physiologisches Bedürfnis aufgetreten war. Da gut zugängliche Salzquellen und Salzlagerstätten auf der Erdoberfläche sehr ungleichmäßig verteilt waren, wurde das Salz von Anfang an zu einem echten Handelsobjekt und Frachtgut. Außerdem forderte die Salzgewinnung einen relativ hohen, der Zeit angemessenen technischen Stand und die Geschicklichkeit der Arbeitskräfte. Daraus resultiert neben dem wirtschafts-

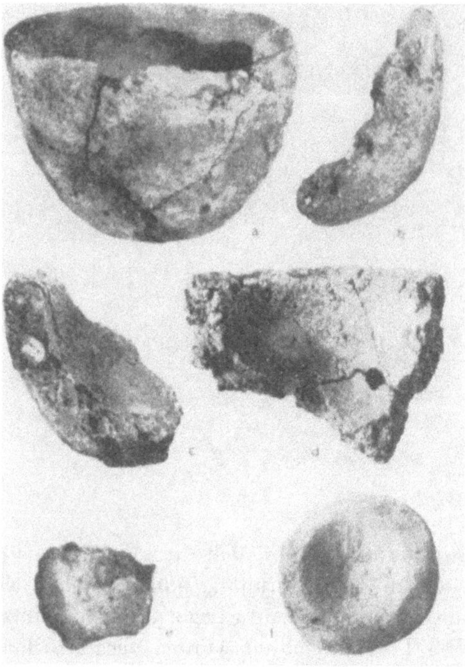

Abb. 7 Früheisenzeitliche Salzformen (Halle/S.)

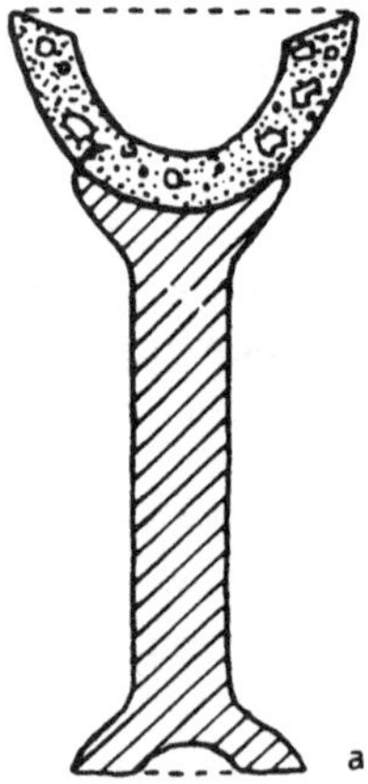

Abb. 8 Schematische Darstellung einer Zylindersäule als Träger einer Salzform

politischen Wert die kulturelle Bedeutung, die das Salz in der Vergangenheit besaß. Die begrenzte Zahl der verfügbaren Salzquellen wurde mitunter zum Gegenstand heftiger Auseinandersetzungen, wie die Kämpfe zwischen den germanischen Stämmen der Chatten und der Hermunduren um mitteldeutsche Salzquellen, einige

Jahrhunderte später der Krieg zwischen Burgundern und Alemannen und noch 1690 ein Salzkrieg zwischen zwei nordamerikanischen Indianerstämmen zeigen [13].

Bei den Römern zählte das Salz neben Schleifsteinen, Korn und Waffen zu den strategischen Gütern, wie wir heute sagen würden: sein Verkauf an Feinde des Staates wurde mit dem Tode bestraft [13].

Der Salzhandel nahm sehr zeitig im internationalen Verkehr einen führenden Platz ein. Schon der Schiffahrtsweg phönikischer Kaufleute vom Mittelmeer zur Nord- und Ostsee kann als „Salzstraße" angesehen werden, ähnlich denen, die später, besonders in Mitteleuropa, zu hervorragender Bedeutung kamen. Die Phöniker tauschten dabei im Norden Europas ihr Salz gegen Zinn, Bernstein und Pelze ein. Eine der ersten uns heute bekannten Salzstraßen, die via salaria, führte von Rom nach Norden ins Binnenland der Sabiner. Auf ihr wurde vornehmlich das Produkt der römischen Seesalinen transportiert, deren Anlage auf König Ancus Martius (640—614 v. u. Z.) zurückgehen soll [19].

Das Salz hat in der Geschichte sogar zeitweilig die Funktion eines allgemeinen Äquivalents übernommen. So wurden in einigen Gebieten des mittelalterlichen Chinas die kleinsten Geldmünzen aus Salz hergestellt, indem man Sole in kleinen Pfannen versott, den Salzbrei zu Kuchen formte und diese auf heißen Ziegeln trocknete. Die auf diese Weise von ausgesuchten Beamten geprägten Münzen wurden noch mit einem kaiserlichen Siegel gestempelt [20]. Harte Salzstücke, meist an den Rändern von Salzseen gewonnen, waren noch im vergangenen Jahrhundert in weiten Teilen Afrikas im Umlauf, wobei das Salz im Wert zwar nach dem Gold, aber noch vor dem Eisen eingeordnet wurde. In Äthiopien dienten noch zu Beginn dieses Jahrhunderts stangenförmige Salzstücke, die sog. Amoles, als Scheidemünze. Ihr Wert wurde dabei von der Entfernung vom Erzeugungsort bestimmt. Während 80 bis 100 Salzstücke, etwa eine Maultierladung, am Gewinnungsplatz einem Taler entsprachen, erhielt man in entfernteren Gebieten nur noch 4 Salzstücke für einen Taler. Bezeichnender ist ein anderer Vergleich:

Für 20 Amoles erhielt man noch im vergangenen Jahrhundert zwei junge Sklaven [21].

Die Wechselbeziehung Salz — Geld läßt sich noch in anderer Weise verdeutlichen. Die ehemals kleinste deutsche Münze, der Heller, hat ihren Ursprung im 13. Jahrhundert in den Salinen von Schwäbisch Hall und diente dort zur Bezahlung der Arbeiter und des sonstigen Bedarfs [22]. Erste Anfänge der Besteuerung des Salzes auf dem Gebiet des späteren Deutschen Reichs finden sich bereits im fränkischen Reich der Merowinger (etwa 450 bis 750).

In der Karolingischen Zeit (etwa 600 bis 900) wurde diese Steuer teils noch als Passierzoll, teils schon als Produktionssteuer in den Salzwerken erhoben.

In der Kultur der alten Völker verwebt sich die Vorstellung des Salzes mit den Begriffen der Treue und Gastlichkeit, der Freundschaft und des vertrauten Umgangs. Viele Denkmäler in Sprache, Sitten und Gebräuchen, im Sprichwortschatz, bei Städtenamen künden noch heute von dem ehemaligen hohen Stellenwert des Salzes im Leben der Menschen.

Salz und Brot galten als die engste Zusammenfassung dessen, was der Mensch braucht. Das Sprichwort „Salz und Brot — macht die Wangen rot — schlägt den Hunger tot“ soll bereits auf Horaz zurückgehen [11]. Salz und Brot als Repräsentanten des notwendigsten Lebensunterhalts wurden bei fast allen Völkern zuerst in eine neu zu beziehende Wohnung getragen. Nicht nur bei den arabischen Völkern hieß Salz und Brot oder auch nur Salz zusammen essen, den festesten und heiligsten Bund miteinander schließen. Eindrucksvoll symbolisiert sich das in überlieferten Geschichten, die, ob wahr oder unwahr, doch vom Ansehen des Salzes zeugen. So soll Jacub ben Laith, der Stifter der Dynastie der Saffariden, früher ein Räuber gewesen sein. Bei einem nächtlichen Einbruch stieß er im Dunkeln an etwas Hartes, nahm es auf, kostete es und fand, daß es Salz sei. Sogleich legte er seine schon gemachte Beute wieder ab und verließ das Haus unberaubt, in dem er Salz genossen hatte [23]. So nimmt es nicht Wunder, daß das Salz Gegenstand allgemeiner Verehrung war. Pythagoras bezeichnete es als das Symbol der Gerechtigkeit. Homer hieß das Salz das Göttliche und Plato einen von der Gottheit geliebten Körper. Bei den Griechen hatte selbst das Salzfaß an dieser Achtung Anteil. Es wurde von Generation zu Generation vererbt; so ärmlich auch der Hausrat war, selbst die Bewohner der bescheidensten Hütte sollen es aus purem Silber besessen haben [11].

Sehr viel ließe sich noch von der ehemaligen Geltung und Verwendung des Salzes berichten. So wurden im alten Ägypten die zu mumifizierenden Leichen vor der weiteren Behandlung 70 Tage in Sole gelegt. Bei den Damen des alten Roms galt das Salz als Schönheitsmittel [19]. Bei vielen Völkern spielte das Salz eine Rolle als Zugabe zu jeden den Göttern dargebrachten Opfern. In den christlichen Kirchen des 1. Jahrtausends war es Bestandteil mehrerer Zeremonien, so wurde und wird den Kindern bei der Taufe Salz auf die Lippen gestreut. Die Chinesen hatten einen eigenen Salzgott: Phelo, den Erfinder des Salzes, und in Mexiko wurde alljährlich ein großes Fest für die Göttin des Salzes, Huixtocihuatl, gefeiert [13].

Im Mittelalter wurde es zum Gegenstand des Aberglaubens. Mit Salz wurden Augenübel ebenso geheilt wie vom Teufel besessene Nonnen, und zur Bannung böser Gewalten trugen es die Frauen im Ohr und die Männer in der Hutkrempe [24].

Zu wirklicher Bedeutung, zu Macht und Einfluß gelangten dagegen im Mittelalter solche Städte, in denen Salz hergestellt wurde. Die Geschichte der Stadt Halle/Saale erlaubt uns das zu belegen. Seine Blütezeit im Mittelalter verdankt Halle im wesentlichen seinen vier Solbrunnen mit einem hohen Kochsalzgehalt, so daß ein Gradieren der Sole nicht durchgeführt werden brauchte. Der Ausschnitt aus einer alten Kupferstichtafel (Abb. 9) zeigt uns den Grundriß des Halleschen Salzsiedegebietes mit den Solbrunnen Deutschborn, Meteritz, Gutjahr und Hackeborn. Nach einer 1820 durchgeführten Analyse lag nur der Hackeborn bei einem NaCl-Gehalt von 10%, während für die drei anderen Brunnen, den Deutschborn, den Meteritz- und den Gutjahr-Brunnen, Gehalte um 20% gefunden wurden [25].

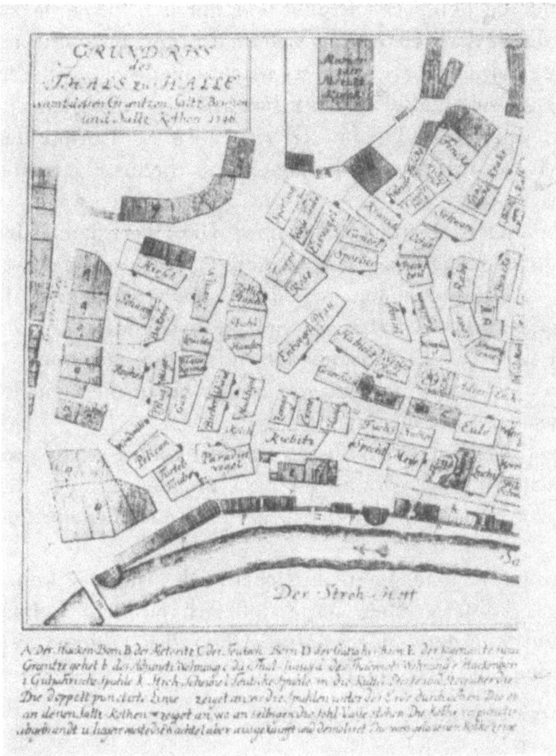

Abb. 9 Grundriß des Halleschen Salzsiedegebietes

Übrigens sind seit dem Mittelalter nie mehr als diese vier Brunnen gegraben worden. 1263 hatten die hallischen Pfänner vom Erzbischof zu Magdeburg das Privileg erwirkt, daß in Halle kein weiterer Solbrunnen angelegt werden dürfe. Dafür erhielt der Erzbischof die damals beachtliche Summe von 2200 Mark [26].

Die Salzgewinnung aus den im Hallischen Raum zutage tretenden Solen läßt sich anhand reicher Briquetagefunde, also der früher erwähnten Reste urgeschichtlicher Salzsiedegeräte, bis in die Bronzezeit (2000 bis 750 v. u. Z.) zurückverfolgen [27].

Zahlreiche Siedlungen sind für die Hallstattzeit (750 bis 450 v. u. Z.) nachweisbar. Von der ältesten Latènezeit (etwa ab 400 v. u. Z.) ruhte offenbar das Salzsieden im Saaletal bis etwa zum 7. Jahrhundert. Möglicherweise wurde infolge der Bevölkerungsveränderungen (Völkerwanderung) in diesem Gebiet Seesalz von der Nordsee- und Atlantikküste nach Mitteldeutschland eingeführt, so daß die Salzproduktion an der Saale zum Erliegen kam. Erst nach der Bildung von großen, grenzgesicherten Herrschaftsbereichen mit eigenem Zoll-, Markt- und Münzrecht im westlichen und mittleren Europa war es den Landesfürsten möglich, den

Fernhandel zu kontrollieren und die heimische Produktion durch Schutzzölle zu fördern. So scheint auf Grund der fortschreitenden gesellschaftlichen Entwicklung in Europa im 7. Jahrhundert der Salzsiedebetrieb an den Solquellen der mittleren Saale zu neuem Leben erwacht zu sein [27]. Vermutlich wurden die Quellen zunächst von slawischen Siedlern genutzt und befanden sich etwa ab Beginn des 9. Jahrhunderts im Machtbereich der fränkischen Könige, deren Lehnsträgern die Salzsieder den Salzzins zu zahlen hatten.

In späterer Zeit gehörte Halle zum Erzbistum Magdeburg. Die Übertragung der Ländereien und damit der Solquellen aus dem Besitz König Otto I. an den Erzbischof zu Magdeburg ist uns in Urkunden aus dem Jahre 961 überliefert. Als oberster Beamter des Erzbischofs in Halle hatte der Salzgräfe (comes salis) die Gerichtsbarkeit auszuüben und über die Einhaltung der Talordnung zu wachen. In dieser Ordnung war der gesamte Betrieb der Salzgewinnung bis in die kleinste, selbst heute fast unglaublich erscheinende Einzelheit geregelt.

Die Besitzverhältnisse an den sog. Talgütern waren im Mittelalter sehr kompliziert und teilweise unübersichtlich. Der Erzbischof von Magdeburg war der Besitzer der Solquellen sowie des Grund und Bodens, auf dem die Siedehütten, die sog. Koten, standen.

Der Erzbischof vergab bestimmte Solemengen als Lehen. Die Talgüter konnten von den Belehnten weiterverkauft werden, ohne daß sich an dem Lehnsverhältnis etwas änderte. Belehnt war dann der Käufer. Allmählich bildeten sich drei Arten der Nutznießung an den Solgütern heraus:

- die Solgutsbesitzer, die bestimmte Mengen Sole besaßen
- die Eigentümer der Siedehütten
- die zum Sieden Berechtigten, die Pfänner.

Pfänner konnten nur solche Personen werden, die bestimmte, genau festgelegte Voraussetzungen erfüllten und sich durch die Entrichtung einer Aufnahmegebühr als Pfänner habilitiert hatten, wie es damals hieß. Alle drei Arten der Nutznießung konnten in einer Hand zusammentreffen, mußten es aber nicht.

Die eigentlichen Unternehmer, die die Salzgewinnung betrieben, waren die Pfänner, die dafür einen Salzwirkermeister mit einer Anzahl Gehilfen (wie Bornknechte, Salzknechte) angestellt hatten. Aus dem Salzverkauf erzielten die Pfänner ihre oft recht beträchtlichen Gewinne. Die Bezahlung der Arbeiter und Angestellten erfolgte durch Versieden einer zusätzlichen Menge an Sole. Außerdem wurde noch Sole für wohltätige Zwecke, wie Arme-Leute-Sole, Schülersole, Sterbesole, versotten.

Der Siedevorgang selbst geschah seit dem Mittelalter in großen eisernen Pfannen (Abb. 10). Diese Pfannen faßten in Halle jeweils 25 Eimer zu je 12,5 l. Der Sole wurde, nachdem man sie in die Pfanne gelassen hatte, etwas Rinderblut zugesetzt, das in kurzer Zeit die Sole zum Schäumen brachte. Der Schaum, in dem sich allerlei Verunreinigungen ansammelten, wurde abgeschöpft. Wenn die Salzlösung durch intensives Kochen die Sättigungskonzentration erreicht hatte, was

Abb. 10 Siedepfanne im Mittelalter

sich durch einen weißen Rand am Pfannenbord anzeigte, ließ man das Feuer ausgehen und entfernte die sich am Boden der Pfanne abscheidenen relativ großen Salzkristalle mit Krücken und durchlöcherten Schaufeln aus der Sole.

Das Salz wurde in Körbe aus Weidengeflecht gestampft und darin getrocknet. Ein Salzstück war in seiner Größe genau festgelegt, umgerechnet betrug die Masse etwa 25 kg. Das Salz wurde von den Fuhrleuten, den Salzgästen, direkt aus den Siedekoten abgeholt. Aus welch entfernten Gebieten die Salzgäste nach Halle kamen, zeigt die Karte des Absatzgebietes der Halleschen Pfänner zu Beginn des 15. Jahrhunderts (Abb. 11). Auf uralten Salzstraßen, die oft die Natur vorgezeichnet hatte, wurde das kostbare Gewürz in schweren, ungefügen Lastwagen transportiert, die je nach Jahreszeit täglich 20 bis 30 km zurücklegten. So wurde Halle im Mittelalter vor allem durch seine Salzquellen zu einem bedeutenden Handelsplatz und Verkehrsknotenpunkt [26].

1546 schrieb Agricola: „Durch einen Zufall und einen Glücksfund ist es geschehen, daß in Meißen zu Freiberg Silber gegraben wurde ... Als Leute von Halle vierspännig Salz durch das Meißner Land nach Böhmen fuhren, sahen sie in den Räderspuren ein Stück Bleiglanz, das durch die Gießbäche aufgedeckt war. Weil das dem Goslarer ähnlich war, warfen sie es auf den Wagen und nahmen es mit nach Goslar. Da man aus diesem Bleiglanz viel mehr Silber ausschmolz, als aus dem Goslarer, begab sich eine Anzahl Bergleute an diesen Platz im Meißner Land, wo jetzt die bekannte und reiche Stadt Freiberg liegt.“ Also geschehen im Jahre 1168 [28].

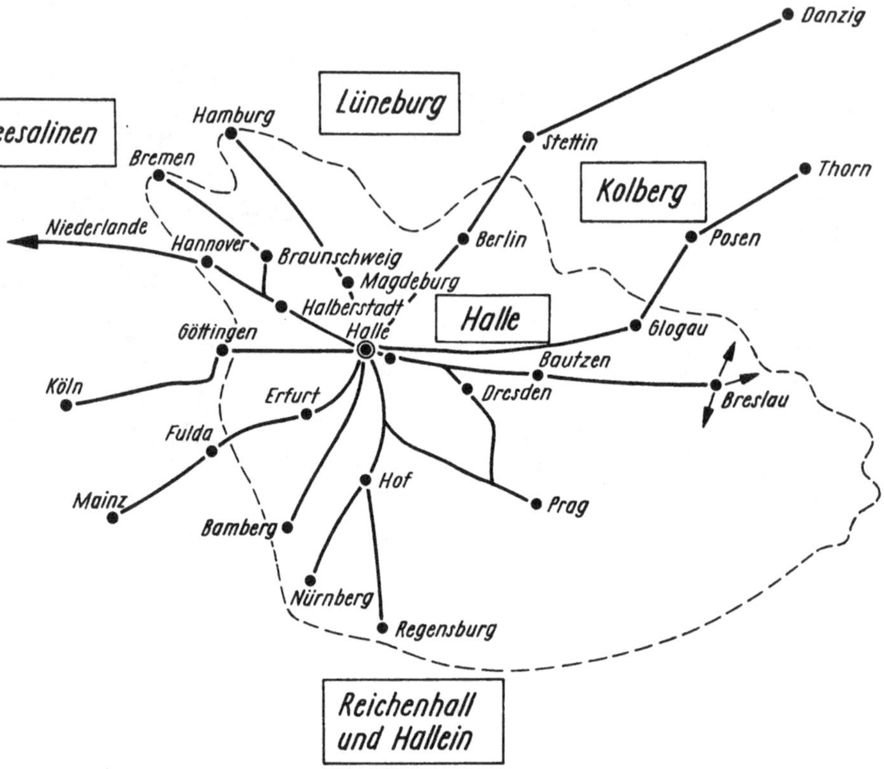

Abb. 11 Salzstraßen und Absatzgebiete der Halleschen Pfänner zu Beginn des 15. Jahrhunderts

3. Gewinnung und Verwendung des Steinsalzes

In der heutigen Zeit wird das Steinsalz zu etwa $^{2}/_{3}$ aus Lagerstätten und zu einem Drittel aus dem Wasser der Meere und Salzseen gewonnen. Die Ausbeutung der Lagerstätten erfolgt entweder durch bergmännische Gewinnung oder durch Aussolen (solution mining).

3.1. Bergmännischer Abbau

Im bergmännischen Abbau wird überwiegend Kammerbau mit offenem Abbauraum betrieben, wobei das Dach durch starke Salzpfeiler getragen wird. Wegen der großen Mächtigkeit und der allgemein günstigen Standfestigkeit des Steinsalzes können die Dimensionen der Kammern sehr groß gewählt werden. So sind beispielsweise die Kammern unserer Steinsalzgrube in Bernburg bis zu 30 m, die

Abb. 12 Kammern im Steinsalzbergbau

der Grube Whiskey-Island in Cleveland/Ohio 45 m und die der rumänischen Steinsalzgrube Slanic 50 m hoch [29].

Abbildung 12 vermittelt einen Eindruck von den im Steinsalzbergbau herrschenden Größenverhältnissen.

Die Gewinnung des Steinsalzes erfolgt vorwiegend durch Bohr- und Sprengarbeit, wobei bis zu etwa 30 m lange Sprengbohrlöcher größeren Durchmessers angelegt werden. Für den Untertagetransport des durch Sprengung gewonnenen

Steinsalzes ist in den letzten Jahrzehnten eine Vielzahl von Geräten und Fahrzeugen entwickelt worden, worauf an dieser Stelle nicht näher eingegangen werden soll.

In der Streckenförderung ist ein Übergang von der früher üblichen Seil- und Kettenbahn auf Bandförderung zu verzeichnen. Die Übergabe von den gleislosen Großgeräten in der Abbauförderung auf die kontinuierliche Streckenförderung erfolgt über Kippstelleneinheiten, die sowohl eine Puffer- und Vergleichmäßigungsfunktion als auch die Zerkleinerung des Haufwerkes auf die für Bandförderung erforderliche Größe übernehmen. Für die Schachtförderung werden überwiegend Gefäßförderanlagen eingesetzt. Die Tendenz geht dabei zu großen Lasten bei geringen Geschwindigkeiten [2].

Im Steinsalzbergbau der DDR, der ausschließlich in der Grube Bernburg betrieben wird, gehen die Bestrebungen gegenwärtig dahin, neben der Rationalisierung der Gewinnungsmethoden durch technologische Veränderungen die Abbauverluste zu vermindern, die bei 40 bis 50% liegen. Dies soll vor allem durch das Anlegen der stehengebliebenen Pfeiler auf das gebirgsmechanisch zulässige Mindestmaß erfolgen [2].

Weiter sei darauf verwiesen, daß es im kommenden Jahrzehnt unumgänglich sein wird, auch Salz mit einem höheren Gehalt an Calcium, Magnesium und Sulfat abzubauen, als das gegenwärtig der Fall ist. Auf Fragen der Salzqualität werden wir noch eingehender zurückkommen.

3.2. Solende Gewinnung

Bei der Gewinnung des Steinsalzes durch Aussolen ist zu unterscheiden zwischen Solprozessen in bergmännisch angelegten Gruben und dem Solen von übertage durch Bohrlöcher. Insbesondere beim letztgenannten Verfahren sind die Kosten wesentlich geringer als bei der bergmännischen Gewinnung. Die Kosten des Aussolens durch Bohrlöcher betragen nur etwa $^1/_4$ der Kosten des Solens vor Ort und nur $^1/_{10}$ der Kosten von Sole, die über Tage aus festem Steinsalz gewonnen wird.

Von allen Aussolverfahren hat heute das Aussolen durch Bohrlöcher die weiteste Anwendung gefunden. Das Prinzip des Verfahrens war schon vor 2000 Jahren in China bekannt [30]. Heute wird in den entwickelten Industriestaaten das für die Sodagewinnung und für die Alkalichloridelektrolyse benötigte Steinsalz fast ausschließlich durch Solung gewonnen. Abbildung 13 zeigt das Prinzip eines modernen Aussolverfahrens. Eine dreifach konzentrisch verrohrte Bohrung wird in die Lagerstätte niedergebracht. Der Solbetrieb beginnt mit der Herstellung des Sumpfes, in den die im Verlauf des Solprozesses aus dem Salzgestein freigesolten unlöslichen Feststoffe sedimentieren. Dabei tritt das Frischwasser aus dem inneren Rohr aus, die Sole steigt im mittleren Rohr nach oben. Das äußere Rohr dient zur Einführung eines Schutzöles gegen unkontrollierte Hochsolung. Auf diese Formations- oder Breitsolphase folgt die Produktionsphase. Der Schutzölhorizont wird

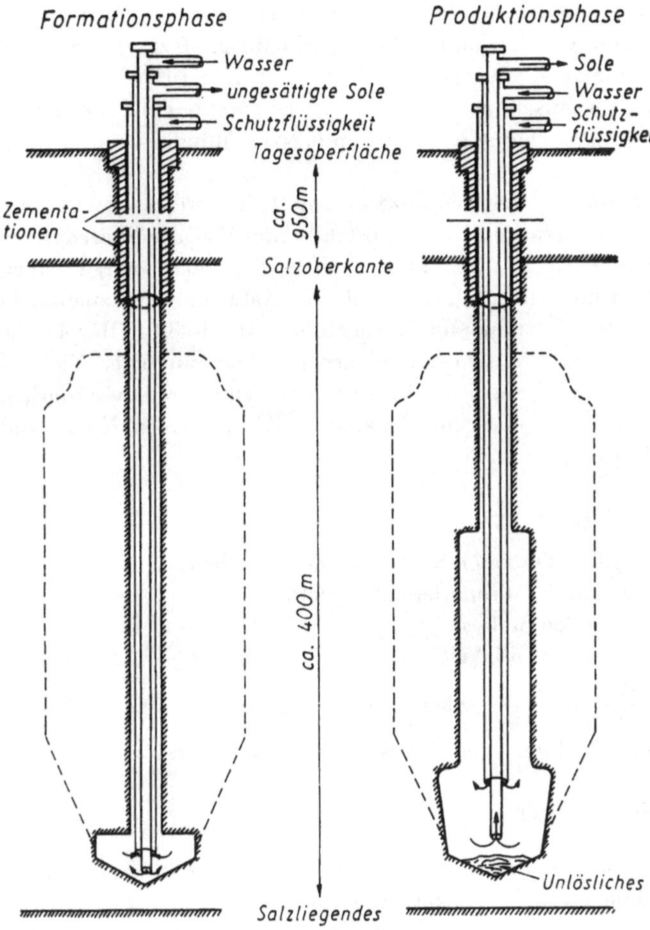

Abb. 13 Schema der solenden Gewinnung von NaCl

gehoben, das Frischwasser wird über das mittlere Rohr zugeführt. Die Sole sinkt mit zunehmender Sättigung ab und kann im unteren Teil der Kaverne durch den inneren Rohrstrang abgezogen werden.

Das Auflösen des Steinsalzes erfolgt also ausschließlich an den Wänden des Hohlraumes, da der Boden mit unlöslichen Rückständen (Anhydrit, Tonminerale) und die Firstfläche durch das Schutzöl bedeckt wird.

Für das Aussolen von Steinsalzlagerstätten, insbesondere solcher, die größere Anteile anderer Salzminerale enthalten, für das Anlegen von Kavernen im Salzgestein zu Speicherzwecken, worauf später noch näher eingegangen wird, und besonders auch für das künftig an Bedeutung gewinnende Solen von Kalisalzlagerstätten sind gesicherte Kenntnisse der Lösekinetik der verschiedenen in Betracht kommenden Salzminerale von entscheidender Bedeutung. Die Kinetik der Auflösung von Salzen ist von vielen Einflußfaktoren abhängig, dazu gehören die Natur des aufzulösenden Salzes, die chemische und mineralogische Zusammensetzung, Verwachsungen, die Zusammensetzung und Temperatur des Lösungsmittels, die Natur der Phasengrenzflächen, die Strömungsverhältnisse um die Salzkörner.

Der Auflösevorgang kann in zwei Teilprozesse unterteilt werden, die Phasengrenzflächenreaktion und den Transport des gelösten Stoffes von der Phasengrenzfläche in das umgebende Lösungsmittel. In den zurückliegenden Jahren haben wir umfangreiche Untersuchungen zur Lösekinetik des NaCl und der anderen in Salzlagerstätten auftretenden Salzminerale durchgeführt [31 bis 33]. Obwohl die Lösekinetik von Mineralsalzen ein sehr komplexes Problem mit einer Vielzahl von Einflußfaktoren ist, laufen die meisten Prozesse nach einem relativ einfachen Geschwindigkeitsgesetz ab, das zuerst von Ščukarev [34] sowie von Noyes und Whitney [35] aufgestellt wurde:

$$\frac{dc_X}{dt} = -K_V \cdot F\,(c_S - c_X)$$

$c_X \triangleq$ Konzentration des diffundierenden Stoffes zur Zeit t in die Lösung
$c_S \triangleq$ Sättigungskonzentration des diffundierenden Stoffes
$F \triangleq$ Oberfläche des zu lösenden Stoffes
$K_V \triangleq$ Koeffizient der Lösegeschwindigkeit

Durch Einsetzen von $\frac{dG}{dt}$ für $\frac{dc_X}{dt}$, wobei G die Menge des gelösten Stoffes ist, erhält man die bekannte Gleichung von Nernst [36] für den Lösevorgang:

$$\frac{dG}{dt} = -\beta \cdot F\,(c_S - c_X)$$

Der Koeffizient der Lösegeschwindigkeit, die Stoffübergangszahl β, hat dabei nach der Nernstschen Diffusionstheorie folgende Bedeutung:

$$\beta = \frac{D}{\delta}$$

wobei D der Diffusionskoeffizient und δ die Diffusionsschichtdicke sind. β wird bestimmt durch das verwendete Stoffsystem, die Strömungsbedingungen und die geometrischen Abmessungen. Diese Gleichung gilt jedoch nur für Stoffe, die sich diffusionsabhängig auflösen. Ist die Zwischenphasenreaktion das bestimmende Glied, wird β zusätzlich eine Funktion der Konzentrationsänderung in der Grenzschicht. Hierbei ist die Stoffübergangszahl nicht bestimmbar, sondern es muß mit der spezifischen Lösegeschwindigkeit K gerechnet werden:

$$K = \beta \cdot (c_S - c_X).$$

Zur Untersuchung der Lösegeschwindigkeit in Abhängigkeit von der mineralogischen Zusammensetzung des Salzes führten wir unter anderen Löseversuche an Einzelkristallen, Preßkörpern und Körnerkollektiven aus.

Abbildung 14 zeigt die spezifische Lösegeschwindigkeit von Carnallit-Steinsalz-Gemischen. Dabei ergibt sich für die untersuchten Temperaturen von 25 und 90 °C eine nahezu lineare Zunahme der Lösegeschwindigkeit mit Erhöhung des Carnallitgehaltes.

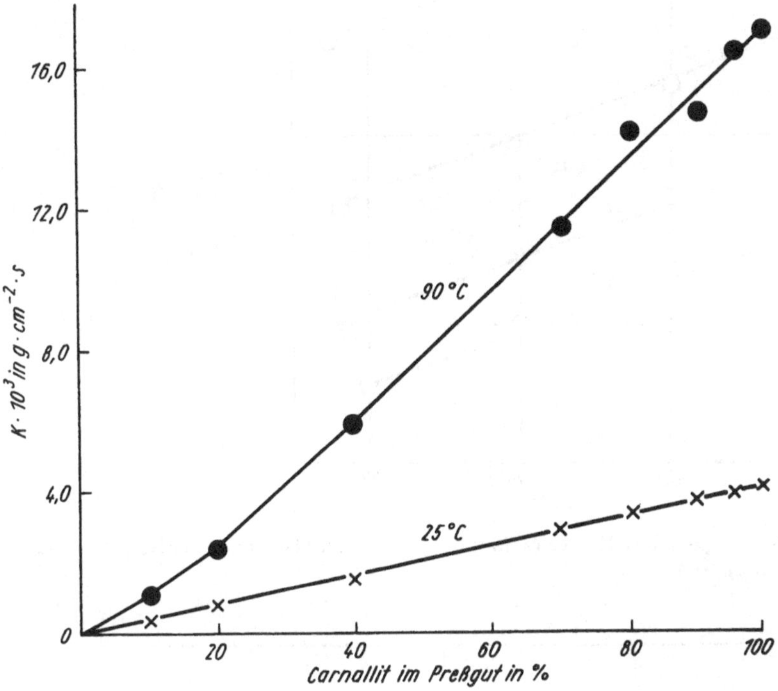

Abb. 14 Spezifische Lösegeschwindigkeit von Carnallit-Steinsalz-Gemischen

Als Beispiel für den Einfluß der Zusammensetzung des Lösungsmittels auf die Lösegeschwindigkeit ist in Abbildung 15 die Abhängigkeit des K-Wertes für die Carnallitauflösung von der NaCl-Konzentration im Lösungsmittel dargestellt. Dabei nimmt der Logarithmus von K linear mit steigendem NaCl-Gehalt ab. Bei der Untersuchung des Einflusses der Oberfläche des Steinsalzes auf die Lösegeschwindigkeit erhielten wir u. a. folgende Ergebnisse. Bei unterschiedlichen Lösezeiten wurden unterschiedliche K-Werte ermittelt. Die Lösezeit übt scheinbar einen Einfluß auf die spezifische Lösegeschwindigkeit bei natürlicher Konvektion aus. Die Oberfläche des NaCl bleibt unter den gegebenen Bedingungen nicht glatt. Nach kurzer Zeit bilden sich auf den dem Lösungsmittel ausgesetzten Flächen wabenartig verteilte Vertiefungen. Dies ist sowohl bei Einkristallen als auch bei Bohrkernen, die sich aus Einzelaggregaten zusammensetzen, zu beobachten. Die Oberfläche verändert sich somit in Abhängigkeit von der Versuchszeit. Abbildung 16

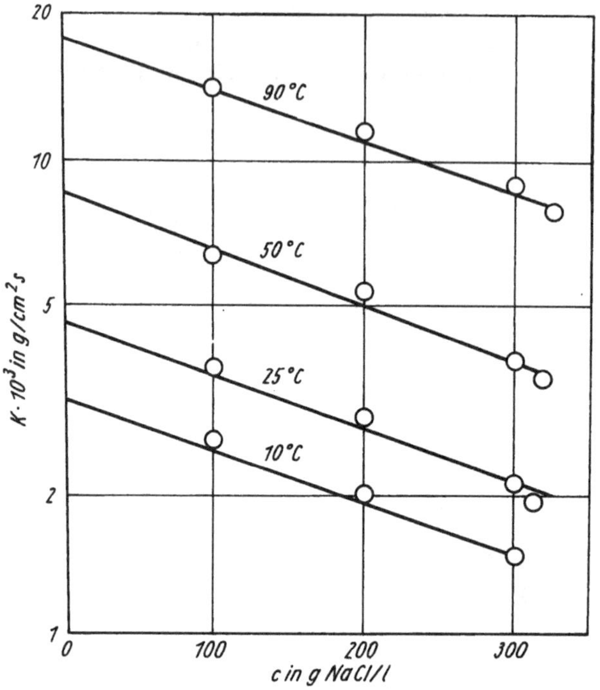

Abb. 15 Abhängigkeit des K-Wertes für die Carnallitauflösung von der NaCl-Konzentration im Lösungsmittel

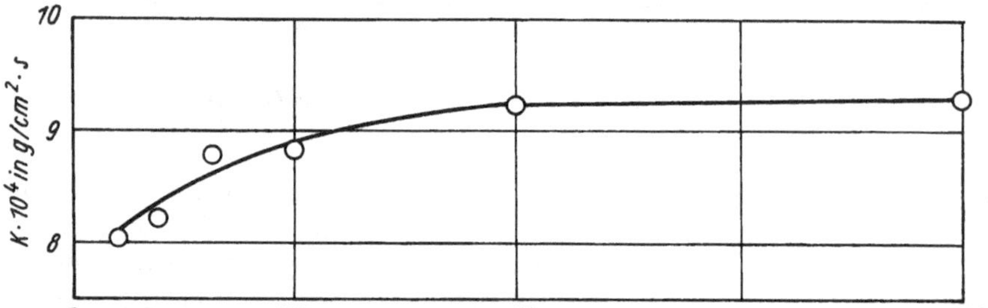

Abb. 16 Abhängigkeit der spezifischen Lösegeschwindigkeit von der Lösezeit (Steinsalz bei 25 °C in Wasser)

zeigt den Einfluß der Lösezeit auf die Oberfläche. Dieser Einfluß drückt sich in einer Erhöhung der spezifischen Lösegeschwindigkeit aus. Nach einer bestimmten Zeit wird dieser Einfluß kaum noch beobachtet. Wir erhalten für die Oberfläche einen konstanten Grenzwert.

Beim Studium der Lösekinetik von NaCl-Körnerkollektiven wendeten wir radiochemische Methoden an und setzten Lösungen mit den Nucliden ^{22}Na und ^{24}Na ein [33]. Abbildung 17 zeigt als Beispiel die Abhängigkeit der Stoffübergangszahl für NaCl-Kristalle (Kornfraktion 125 µm bis 160 µm) vom NaCl-Gehalt des an KCl gesättigten Lösungsmittels. Die ermittelten Werte ergeben mit Zunahme des NaCl-Gehaltes der Lösung einen zunächst allmählichen, dann stärkeren Anstieg der Stoffübergangszahl bis zu einem Maximum bei 225 g/l, dann fällt die Lösegeschwindigkeit steil ab. Beim Auflösen der NaCl-Körnerkollektive in KCl-$MgCl_2$-Lösungen ändert sich hingegen die Stoffübergangszahl bis zu hohen $MgCl_2$-Konzentrationen nur sehr wenig (Abb. 18).

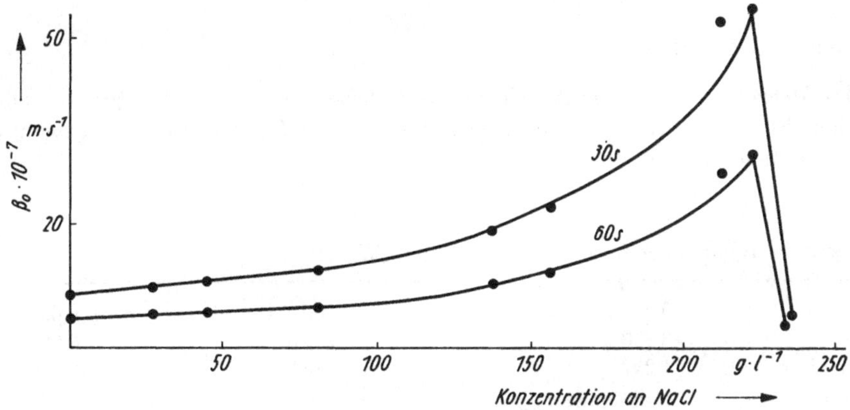

Abb. 17 Abhängigkeit der Stoffübergangszahl für NaCl-Kristalle vom NaCl-Gehalt des KCl-gesättigten Lösungsmittels

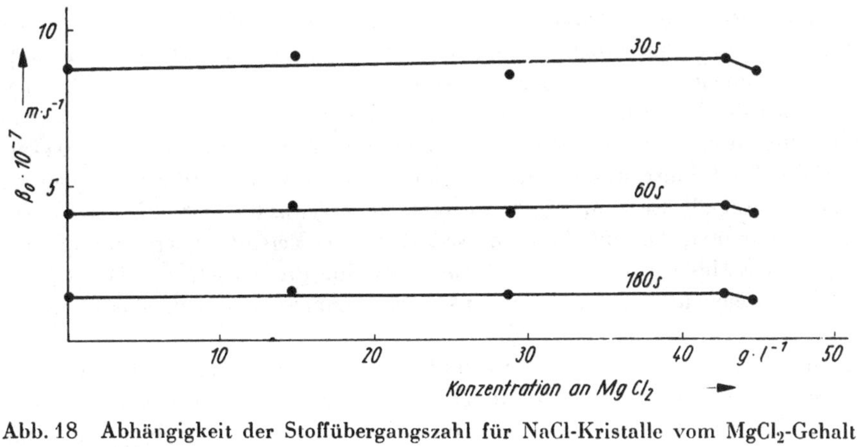

Abb. 18 Abhängigkeit der Stoffübergangszahl für NaCl-Kristalle vom $MgCl_2$-Gehalt des Lösungsmittels

Auf weitere im Zusammenhang mit der NaCl-Auflösung von uns durchgeführte Untersuchungen sei nur kurz hingewiesen [33]. So wurde, ebenfalls mit Hilfe radioaktiv markierter Atome, der Einfluß von Tracermengen an Fremdstoffen auf Auflösung, Kristallisation und Ostwald-Umlösung des NaCl untersucht. Wir fanden dabei, daß die Anwesenheit von $PbCl_2$, $K_4[Fe(CN)_6]$, $K_3[Fe(CN)_6]$, $CdCl_2$ und $MnCl_2$ zu einer Verminderung bzw. Verhinderung der verschiedenen Stoffübergänge führt. Einzelne Fremdstoffe blockieren bei einer bestimmten Konzentration die Umlösung zunächst relativ stark, bis nach einer von der Ausgangskonzentration abhängigen Induktionszeit diese Blockierung der Stoffübergangsprozesse aufgehoben wird. Das ist dann der Fall, wenn der Fremdstoff ins Kristallgitter eingebaut und damit aus der Lösung entfernt werden kann.

3.3. Sonneneindunstung

Das Meerwasser ist ein praktisch unerschöpfliches Reservoir für so gut wie alle stabilen Elemente des Periodensystems. Die Tabelle 1 zeigt einige ausgewählte Inhaltsstoffe des Meerwassers.

Tabelle 1
Ausgewählte Inhaltsstoffe im Meerwasser in ppm [37]

Natrium	10 561	Jod	0,05
Chlor	18 980	Uran	0,0016
Magnesium	1 272	Gold	0,000008
Calcium	400		
Kalium	380		
Schwefel	884		
Brom	65		

Dabei ist, wie oben erwähnt, die Kochsalzgewinnung seit Jahrtausenden bekannt, die Kalium- und Magnesiumsalze werden dagegen erst seit einigen Jahrzehnten gewonnen. Es hat in der Vergangenheit nicht an erfolglosen Versuchen gefehlt, auch die in geringer Konzentration vorkommenden Metalle, insbesondere Edelmetalle, zu extrahieren. Denken wir dabei nur an das Projekt Fritz Habers, Anfang der 20er Jahre unseres Jahrhunderts Gold aus dem Meer zu gewinnen. Erfolgversprechende Ergebnisse gibt es hingegen in jüngster Zeit auf dem Gebiet der Urangewinnung. So läuft in Japan seit 1976 eine Versuchsanlage, die im Jahr 10 g Uran aus Meerwasser liefert. Bis 1990 soll eine Produktion von 3400 t U_3O_8 pro Jahr aufgebaut werden, die 15% des japanischen Uranbedarfs decken würde [38].

Für die Gewinnung von Steinsalz und den anderen Mineralsalzen aus dem Meerwasser sind vorwiegend die Ionen Ca^{2+}, Mg^{2+}, Na^+, K^+ sowie CO_3^{2-}, HCO_3^-, SO_4^{2-} und Cl^- zu betrachten. Die Kristallisation der einzelnen Salze aus dem eindunstenden Meerwasser läßt sich nach einem metastabilen Gleichgewichts-

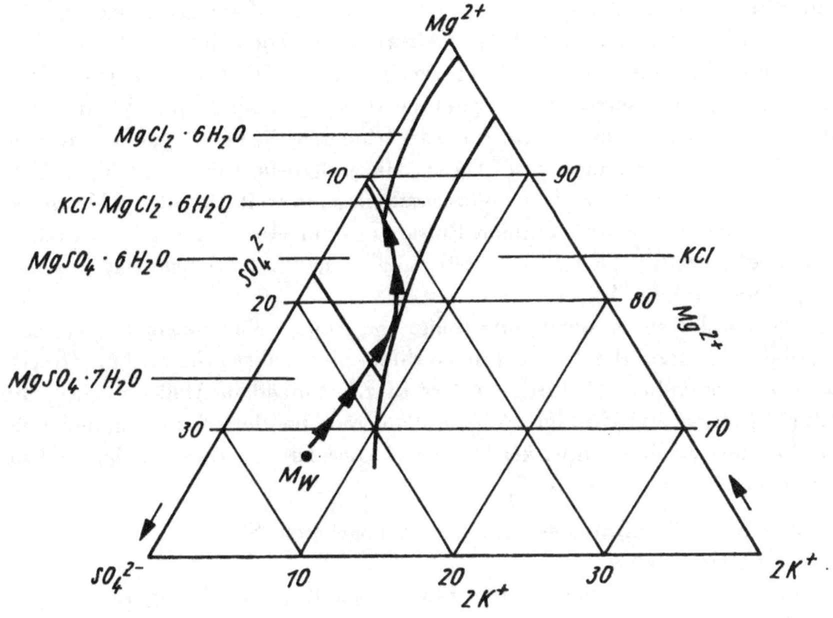

Abb. 19 Sonnendiagramm für 25 °C

diagramm, dem sog. Sonnendiagramm nach VALJAŠKO, beschreiben. Abbildung 19 zeigt das Sonnendiagramm für 25 °C, was etwa der mittleren Temperatur in den Lagunen der Meeressalinen entspricht. Obwohl die solare Eindunstung nicht gleichbleibend bei dieser Temperatur stattfindet und noch viele andere Variable einen Einfluß auf die Kristallisation besitzen, ist der Weg, den die Laugenzusammensetzung nimmt, bemerkenswert eindeutig und ausgeprägt. Die Bedeutung des Sonnendiagramms liegt daher vor allem auf dem Gebiet der komplexen Nutzung aller im Meerwasser enthaltenen Salze, worüber wir kürzlich bereits eingehender berichtet haben [39]. Das Bild 2 B zeigt einen Teil der Meeressalinen Torrevieja in Spanien. Hier wurden 1970 etwa 500 000 t Steinsalz mit einer Reinheit um 97%, 1600 t Magnesiumsulfat, 700 t Magnesiumchlorid und 120 t Brom produziert. Die Steinsalzerzeugung soll in den 80er Jahren bis auf 1,2 Mill. t/a gesteigert werden.

Diese Meeressaline besteht aus den natürlichen Lagunen Torrevieja (14 km² Wasseroberfläche) und La Mata (7 km²), die durch einen Kanal mit dem Meer in Verbindung stehen. Das Wasser des Mittelmeeres fließt, durch Schleusen geregelt, von selbst zu, da die Lagunen unter dem Meeresspiegel liegen. Die Lagune La Mata dient nur zur Konzentrierung des Seewassers, während das feste Salz in der Lagune Torrevieja auskristallisiert. Wenn die Dicke der Salzschicht 50 mm übersteigt, wird es mit Spezialmaschinen gewonnen und in Booten geringen Tiefgangs zu den Reinigungsanlagen gebracht. Durch Waschen mit Seewasser oder verdünnter Sole wird die Hauptmenge der Calcium- und Magnesiumsalze und des anhaftenden Schlammes entfernt. In der Meeressaline Torrevieja wird seit Mitte der 70er Jahre eine international bisher wenig angewandte Technologie zur Produktionserhöhung eingesetzt. Die Lagune Torrevieja ist über eine 50 km lange Pipeline mit der Steinsalzlagerstätte Pinoso verbunden, in der durch Solung eine 20%ige NaCl-Lösung gewonnen wird. Durch das zusätzliche Einspeisen dieser Sole wird durch Verdunsten des gleichen Wasseranteils eine weitaus höhere Menge an Salz gewonnen als bei ausschließlichem Einsatz des nur etwa 3%igen Meerwassers. Damit wird gleichzeitig die starke Abhängigkeit der Produktionsmenge von der Witterung eingeschränkt [40].

In den letzten Jahren erlangen eine Reihe von Fragen eine steigende Aufmerksamkeit, die weit über die bisher untersuchten physikalisch-chemischen Gesetzmäßigkeiten hinausgehen. Dadurch wird es in zunehmendem Maße möglich, die vielen Zufälligkeiten und Unwägbarkeiten, die gerade bei der solaren Eindunstung auf den Verfahrensablauf einwirken, immer besser zu beherrschen. Solche Probleme sind beispielsweise [41 bis 43]:

- meteorologische Ermittlungen und daraus abgeleitete Steuerung von Verdunstung und Kristallisation
- Schwankungen der Temperatur und des Sauerstoffgehaltes in der Lösung zwischen Tag und Nacht
- Untersuchungen der biologischen Lebensgemeinschaften in den Eindunstungsbecken und Nutzung der günstigsten Wasserflora sowie halophiler Mikroorganismen
- Beziehungen zwischen dem Auftreten von Algenmatten und den Sedimenten am Boden der Salzablagerungsbecken
- Einfluß mikrobiologischer Aktivitäten auf die $CaCO_3$-Konzentration im Meerwasser

Welchen Einfluß biologische Gesetzmäßigkeiten auf die Technologie der Meeressalzgewinnung nehmen können, zeigt folgendes Beispiel:

Wie kürzlich berichtet wurde, kann aus niederen Organismen, vor allem Algen, am Boden der Eindunstungsteiche gezielt eine 0,5 bis 4 cm dicke Matte gebildet werden, die einerseits Verluste an Sole und andererseits das Eindringen von Grundwasser verhindert. Weiterhin kann durch im Meerwasser suspendiertes Plankton die Absorption der Sonnenenergie erhöht und damit die Geschwindigkeit der Wasserverdunstung gesteigert werden [42].

Zunehmende Beachtung finden auch Fragen der Verunreinigungen des Seesalzes, die aus dem Meerwasser stammen. So wurde z. B. festgestellt, daß Blei und Zink zusammen mit dem NaCl auskristallisieren und damit die Konzentration dieser Schwermetalle im Salz höher ist als im Meerwasser. Eine Frage, die besonders im Mittelmeer aktuell ist [44]. Dagegen befinden sich Untersuchungen zur Verunreinigung des Meeressalzes durch organische Stoffe, wie halophile Lebewesen und Viren, noch im Anfangsstadium [45].

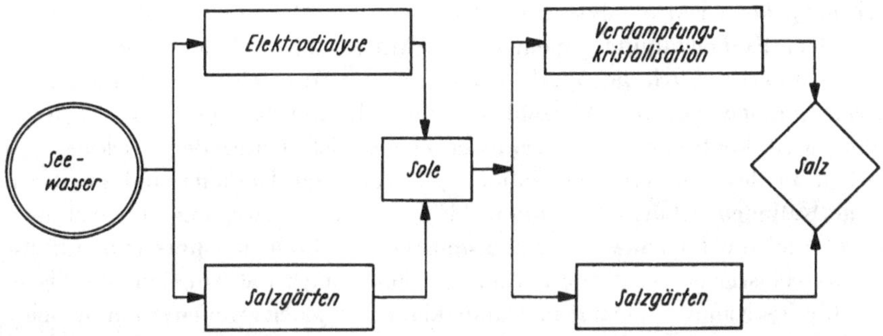

Abb. 20 Prinzipielle Möglichkeiten der Salzgewinnung aus Meerwasser

Eine besonders interessante Technologie der Meeressalzgewinnung soll abschließend dargestellt werden. Die japanische Speisesalzproduktion (1 bis 1,5 Mill. t/a), die vollständig aus dem Meer gewonnen wird, wurde bis 1970 in üblicher Weise in Salzgärten erzeugt. Auf Grund der relativ ungünstigen klimatischen Verhältnisse war diese Verfahrensweise zu störanfällig und wurde zu Beginn der 70er Jahre vollständig auf die Salzgewinnung durch Elektrodialyse umgestellt. Abbildung 20 zeigt zum Vergleich die prinzipiellen Möglichkeiten der Meeressalzgewinnung.

Der konventionelle Weg verläuft über die Konzentrierung des Meerwassers in Salzgärten. Die konzentrierte Salzlösung kann wiederum in Salzgärten oder aber durch Verdampfungskristallisation zum festen Salz aufgearbeitet werden. Bei der Elektrodialyse wird ebenfalls zunächst eine konzentrierte Salzlösung zur Weiterverarbeitung erzeugt [46].

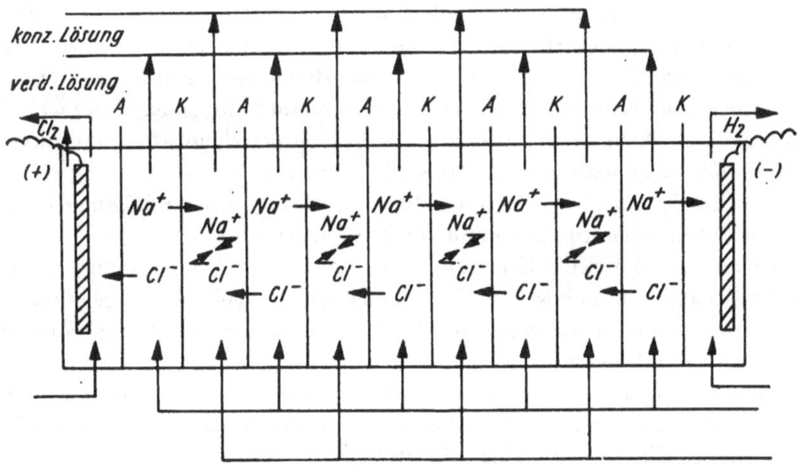

Abb. 21 Schema einer Elektrodialysezelle

Das Prinzip der Elektrodialyse zeigt Abbildung 21. Die Elektrodialysezelle besteht aus dem Kathodenraum, einem großen Mittelraum und dem Anodenraum. Der Mittelraum ist durch im Wechsel angeordnete Anionen- und Kationenaustauschermembranen in eine Vielzahl einzelner Kammern unterteilt. In diese Kammern wird kontinuierlich Meerwasser eingespeist. Unter der Wirkung des elektrischen Feldes wandern die Kationen in Richtung Kathode und passieren dabei die Kationenaustauschermembran. Eine weitere Bewegung der Kationen wird durch die nun folgende Anionenaustauschermembran, die praktisch nur für Anionen durchlässig ist, verhindert. Analog können auch die Anionen nur bis in die benachbarte Kammer gelangen. Damit kann aus jeder zweiten Kammer eine konzentrierte Salzlösung abgezogen werden.

Neuere Elektrodialysezellen sind nach Art einer Filterpresse aufgebaut und enthalten bis zu 2000 Kationen- und ebensoviele Anionenaustauschermembranen pro Zelle. Die aktive Austauschfläche beträgt 1 bis 1,4 m^2, der Abstand zwischen zwei Membranen nur 0,75 mm. Der Elektroenergieverbrauch für die Herstellung einer konzentrierten Salzlösung aus Meerwasser beträgt 280 kWh/t Salz, für den Gesamtprozeß einschließlich der Eindampfungsstufen werden 380 kWh/t NaCl benötigt. Das ist ein im Vergleich zu wäßrigen Elektrolyseprozessen um eine Größenordnung geringerer Elektroenergieverbrauch. Beispielsweise verbrauchen moderne Quecksilberzellen etwa 3500 kWh/t Chlor. In den Elektrodialyseanlagen der japanischen Firma Asahi Chemical wurden 1977 685 000 t Steinsalz mit einem NaCl-Gehalt zwischen 97,7 und 99,3% produziert. Dabei kann mit einer Elektrodialysezelle pro Tag die Sole für die Herstellung von rund 1 t Speisesalz gewonnen werden [47].

3.4. *Einsatz in der Alkalichloridelektrolyse*

Wie bei fast allen natürlichen Rohstoffen, so ist auch beim Steinsalz vor dem Einsatz insbesondere in der chemischen Industrie eine auf den jeweiligen Verwendungszweck abgestimmte Aufbereitung und Reinigung erforderlich. Dabei geht international die Tendenz dahin, nur noch Steinsalz mit einem NaCl-Gehalt von über 99% einzusetzen. Das erfordert die Sicherung der chemischen und physikalischen Qualität unabhängig von der Herstellungsmethode.

Die Tabelle 2 zeigt an einem Beispiel die wesentlichen Verunreinigungen von bergmännisch gewonnenem Steinsalz und von Meeressalz [48].

Daraus ergibt sich die Schlußfolgerung, daß in Zukunft bei der Steinsalzaufbereitung langfristige, ökonomisch und technologisch sinnvolle Lösungen nur in enger Kooperation zwischen Erzeuger und Verbraucher möglich sind, um damit zu einer rationellen Produktion eines reinen Salzes zu kommen.

Die Problematik der Erzeugung eines reinen Natriumchlorids soll im folgenden am Beispiel eines der größten NaCl-Verbraucher, der wäßrigen Alkalichloridelektrolyse, dargestellt werden. Für die Rohstoffversorgung der Alkalichloridelektrolysen hat sich international seit geraumer Zeit die solende Gewinnung von

Tabelle 2
Verunreinigungen in bergmännisch gewonnenem Steinsalz und im Meeressalz in % [48]

	Steinsalz	Meeressalz
Unlösliches	2	0,1 –0,3
Wasser	3	2 –6
Calcium	0,2 –0,3	0,1 –0,3
Magnesium	0,03–0,1	0,08–0,3
Sulfat	0,8	0,3 –1,2
Kalium	0,04	0,02–0,12

NaCl durchgesetzt. Die gewonnene Sole gelangt von den Solfeldern oft über Rohrleitungen beträchtlicher Länge zu den Verbrauchern. So wird beispielsweise seit einiger Zeit in der BRD an der holländischen Grenze durch Solung des Werra-Salinars in 1000 bis 1500 m Tiefe NaCl-Lösung gefördert und über ein Pipelinesystem zu den Verbrauchern transportiert. Die 70 km lange Hauptleitung mit 700 mm Durchmesser verbindet den Solbetrieb mit den Deutschen Solvay-Werken, Werk Rheinberg. Abzweigungen von 200 km Länge versorgen belgische Sodawerke und eine 32 km lange Leitung mit 400 mm Durchmesser die Chlorbetriebe der Chemischen Werke Hüls. Die Betriebserfahrungen hinsichtlich der Korrosion der Stahlrohre zeigen, daß die annähernd gesättigte Rohsole bei Abwesenheit von Sauerstoff nur geringe Korrosivität besitzt [49].

Im NaCl-Bedarf bestehen zwischen den beiden Verfahren der wäßrigen Alkalichloridelektrolyse, dem Diaphragma- und dem Amalgam-Verfahren, wesentliche Unterschiede vor allem darin, daß das Diaphragma-Verfahren ausschließlich NaCl-Lösung benötigt, während beim Amalgam-Verfahren zur Aufsättigung der die Elektrolysezelle verlassenden und im Kreislauf geführten Dünnsole festes NaCl erforderlich ist. Die im Steinsalz enthaltenen Verunreinigungen an Mg, Ca und Schwermetallen blockieren beim Diaphragma-Verfahren in Form ihrer schwerlöslichen Hydroxide das Diaphragma und führen zu einer verringerten Laufzeit der Zellen. Beim Amalgam-Verfahren setzen die genannten Ionen die Überspannung des Wasserstoffs herab, so daß die Wasserstoffgehalte im erzeugten Chlor die Explosionsgrenze überschreiten können. Die zulässigen Konzentrationen liegen für Ca^{2+} bei 2—3 mg/l, für Mg^{2+} bei 0,5—1 mg/l und für die Schwermetalle im ppm-Bereich [48].

Sulfationen erhöhen ab einer bestimmten Konzentration die Korrosionsgeschwindigkeit von Graphitanoden beträchtlich, bei den dimensionsstabilen Metallanoden, mit denen gegenwärtig über 50% der Welt-Chlorproduktion erzeugt werden, sind weitaus höhere Sulfatgehalte möglich. Jedoch ist beim Amalgam-Verfahren eine sorgfältigere Sulfatentfernung als beim Diaphragma-Verfahren erforderlich, da sich infolge der Kreislaufführung der SO_4^{2-}-Anteil in der Elektrolysesole kontinuierlich erhöht. Die Grenzkonzentration für Sulfat liegt bei 5 g/l. Die Entfernung der Verunreinigungen erfolgt seit Jahrzehnten in der Weise, daß

Ca^{2+} mit Na_2CO_3 als $CaCO_3$, Mg^{2+} und Fe^{3+} mit NaOH als Hydroxide und SO_4^{2-} als $BaSO_4$ gefällt werden, wobei $BaCO_3$ anstelle von $BaCl_2$ einen besser filtrierbaren Niederschlag ergibt. Dabei werden die Fällungsmittel angemaischt und mittels Dosierpumpen in die Rohsole gegeben. Diese traditionellen Fällungsmittel Soda, Natronlauge und Bariumsalze, insbesondere letztere, verursachen für den Gesamtprozeß relativ hohe Kosten, so daß der internationale Trend dahin geht, ihre Mengen zu verringern oder im Fall der Bariumsalze durch veränderte Prozeßführung ganz zu umgehen. Dazu gibt es, besonders in der Patentliteratur, eine Vielzahl von Vorschlägen, von denen im folgenden einige aufgeführt seien:

- Verwendung einer Zellsole, die mit $CaSO_4$ gesättigt wird, nachdem Magnesium und Eisen entfernt wurden. Bei der Aufsättigung mit Festsalz wird dann kaum Sulfat gelöst. Durch Einhalten eines pH von 1,5 bis 3 wird ein Ausfällen des $CaSO_4$ in den Zellen verhindert [50].
- Bei geeigneter Prozeßführung kann das $BaCO_3$ für die Sulfatfällung durch Calciumchlorid oder Kalk ersetzt werden [51].
- Durch Flotation kann die Fällzeit verkürzt und der Chemikalienverbrauch verringert werden [52].
- Durch einen Gehalt von 5—15 ppm Natriumhexametaphosphat in der Dünnsole kann die Auflösungsgeschwindigkeit von $CaSO_4$ um 70% verringert werden [53].
- Bei sehr hohen Mg-Gehalten kann das gelöste Salz in einer Vorstufe mit Kalk und Soda gefällt werden. Nach ausreichender Verweilzeit wird die Sole gefiltert und dann so weit eingedampft, daß sie als Suspension zur Aufsättigung der Dünnsole verwendet werden kann [54].
- Beim selektiven Lösen sulfatreichen Steinsalzes wird von der Tatsache Gebrauch gemacht, daß etwa die Hälfte des SO_4 als unter diesen Bedingungen nicht löslicher Anhydrit, der Rest als Polyhalit enthalten ist [55].

Gegenwärtig setzt sich bei den Chlorerzeugern auf Basis des Amalgamverfahrens immer mehr der Trend durch, Siedesalz anstelle von festem Steinsalz zu verwenden. Trotz des höheren Energieaufwandes sind die Vorteile beträchtlich. Der Einsatz der Bariumsalze fällt weg, da das Sulfat während des Eindampfprozesses entfernt wird. Das gesamte benötigte NaCl kann in Form von Sole bezogen werden, was mit niedrigeren Transportkosten als bei Festsalz verbunden ist. Schließlich fällt wesentlich weniger Hg-haltiger Fällschlamm an, dessen Deponie sorgfältigen Grundwasserschutz erfordert. Es liegen, insbesondere aus westeuropäischen Ländern, detaillierte Berechnungen vor, die den Einsatz von Siedesalz, aus der Sicht des Gesamtverfahrens gesehen, als wesentlich günstiger ausweisen [56]. Eine solche Berechnung für drei verschiedene Salzqualitäten zeigt Tabelle 3.

Als Beispiel eines Gesamtverfahrens mit minimalem Aufwand an Fällungschemikalien sei im folgenden die Solereinigung der Chemischen Werke Hüls (BRD) dargestellt.

Tabelle 3
Solereinigungskosten für verschiedene Salzqualitäten [56]

	Siedesalz	Steinsalz I	Steinsalz II
Sulfat	400 ppm	2500 ppm	13 000 ppm
Calcium	12 ppm	2500 ppm	3 000 ppm
Magnesium	1 ppm	100 ppm	400 ppm
Kosten für Totalfällung	1,25 DM/t	13,50 DM/t	33,60 DM/t
Kosten ohne Sulfatfällung	0,90 DM/t	12,00 DM/t	26,30 DM/t

In der ersten Reinigungsstufe erfolgt die Entfernung von Calcium, Magnesium und Eisen mit einer Sodalösung, die aus Zellenlauge der Diaphragmazellen (11% NaOH, 16% NaCl) durch Einleiten eines stark CO_2-haltigen Abgases hergestellt wird und die einen Überschuß an freier Natronlauge enthält. Die Reinsole, die noch sulfathaltig ist, wird zu etwa gleichen Teilen der Diaphragmaelektrolyse und der Erzeugung von Siedesalz zugeführt. Die Mutterlauge der Natronlaugeeindampfung der Diaphragmazellen und die Mutterlauge der Siedesalzerzeugung, die etwa 50 g/l Na_2SO_4 und 250 g/l NaCl enthalten, werden zur Natriumsulfaterzeugung verwendet. Bei 100 bis 120 °C wird wasserfreies Na_2SO_4 auskristallisiert, das nach Trocknung direkt verkaufsfähig ist und weniger als 0,5% NaCl enthält [57]. Bei der Aktualität der Steinsalzbereitstellung für die Alkalichloridelektrolysen und die Sodaproduktion ergeben sich schon aus diesen nur ausgewählten Beispielen nach unserer Auffassung nützliche Denkanstöße.

4. Kavernen im Salzgestein

Kavernen, die bei der solenden Gewinnung der Mineralsalze entstehen, dienen mehr und mehr der Untertage-Speicherung. Heute zeichnet sich international deutlich zunehmend der Trend ab, Kavernen eigens für Speicher- und Aufbewahrungszwecke anzulegen. Der Gedanke, in Hohlräumen des Salzgesteins Kohlenwasserstoffe zu lagern, wurde erstmals 1916 in einem Patent der damaligen Deutschen Erdöl AG geäußert. Diese Möglichkeit wurde jedoch erst in den 50er Jahren verwirklicht. Bis heute existieren in der Welt — soweit bekannt — etwa 700 Salzkavernen, die zur Speicherung von Rohöl, Raffinerieprodukten, Hochdruckerdgas, Druckluft, radioaktiven Abfällen und Sondermüll angelegt worden sind [58].

Kavernengrößen von 0,5 bis 2 Mill. m^3 für die Öllagerung und Volumina von rund 400 000 m^3 für die Gasspeicherung sind gegenwärtig realisierbar. Ein US-amerikanisches Vorhaben sieht vor, im Laufe der nächsten Jahre insgesamt 160 Mill. m^3 Rohöl unterirdisch zu speichern. Dies ist offensichtlich das zur Zeit größte Untergrundspeicherprojekt der Welt [59]. Beim Anlegen von Speicherkavernen gewinnen naturgemäß die technischen Probleme des Aussolens, der Größe und Form der Kavernen sowie deren Stabilität stark an Bedeutung.

Die anzustrebende Form der Kaverne hängt von mehreren Faktoren ab, wie dem Aggregatzustand des zu speichernden Produktes, der Häufigkeit des Umschlags und der Art der Entnahme der gespeicherten Stoffe.

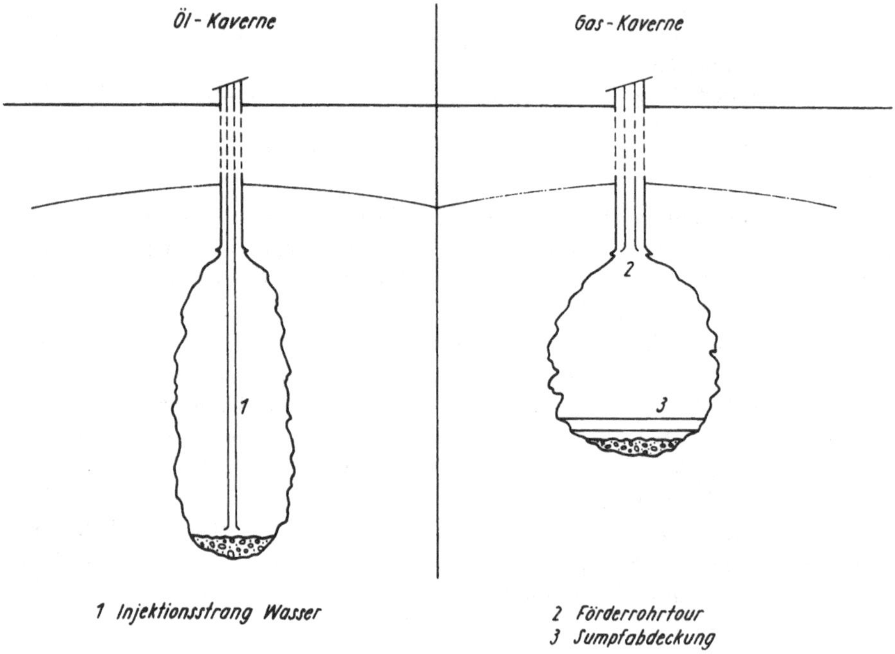

Abb. 22 Vergleich zwischen Öl- und Gaskavernen
[Nach: H.-G. Haddenhorst: Erdoel-Erdgas-Z. **90** (1974) 154]

Abbildung 22 bringt einen Vergleich zwischen Öl- und Gaskavernen. Bei Ölkavernen wird aus Gründen des besseren Wärmeaustausches ein großes Verhältnis von Kavernenoberfläche zu -volumen angestrebt, während bei Gaskavernen, die unter einem Druck von einigen 100 Atmosphären stehen (Hochdruck-Erdgas-Speicherung in der Größenordnung von 20 MPa), nach Möglichkeit die Kugelform gewählt wird, die hinsichtlich der gebirgsmechanischen Spannungsverteilung das Optimum darstellt [60].

Für die Entnahme der gespeicherten Produkte gibt es prinzipiell drei Möglichkeiten, die in Abbildung 23 dargestellt sind:

Bei Entnahme mit Tauchpumpen wird die Entnahmerate durch die verfügbaren Tauchpumpen begrenzt, außerdem beeinflußt die Tiefe der Kaverne in starkem Maße die Energiekosten für die Entleerung. Im zweiten Fall wird beim Einspeichern ein Gaspolster komprimiert und dessen Expansion bei der Flüssigkeits-

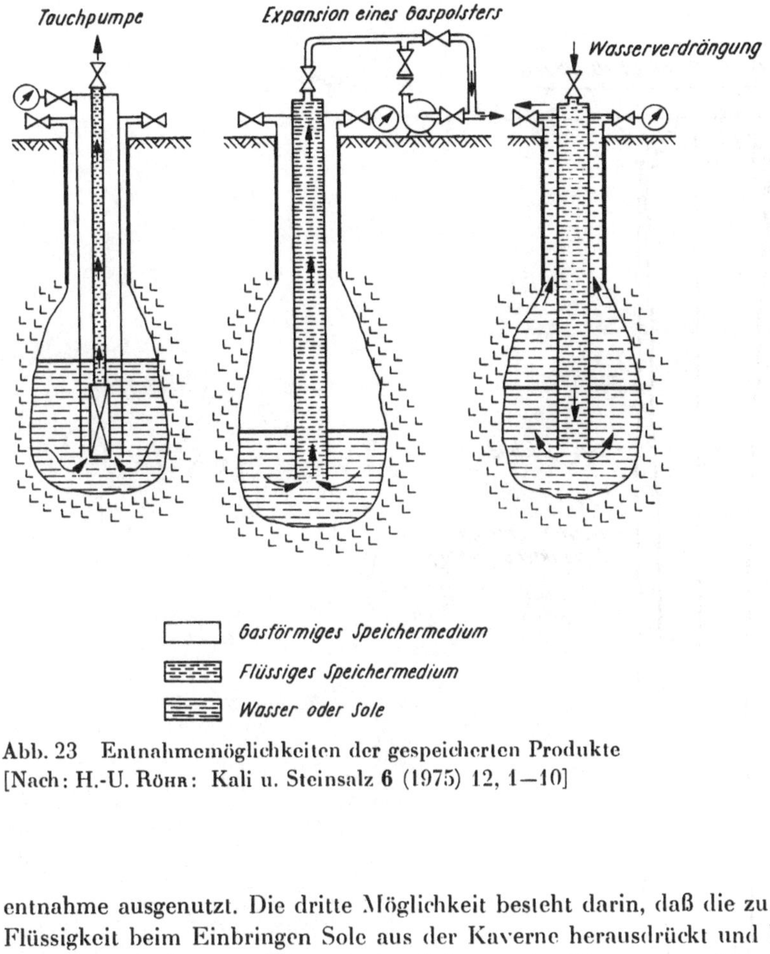

Abb. 23 Entnahmemöglichkeiten der gespeicherten Produkte
[Nach: H.-U. Röhr: Kali u. Steinsalz **6** (1975) 12, 1–10]

entnahme ausgenutzt. Die dritte Möglichkeit besteht darin, daß die zu speichernde Flüssigkeit beim Einbringen Sole aus der Kaverne herausdrückt und bei der Entnahme umgekehrt von Wasser oder Sole aus der Kaverne verdrängt wird [61]. Beim Umschlag der Speicherprodukte ist, besonders bei der Verdrängung mit Frischwasser, zu beachten, daß sich das Volumen der Kaverne mit jedem Zyklus vergrößert. Dabei muß vermieden werden, daß der Grenzdurchmesser der Kaverne überschritten wird. Bei relativ häufiger Entnahme und Wiederbefüllung muß daher die Verdrängung mit gesättigter Sole vorgenommen werden, was allerdings übertägige Solereservoire von beträchtlicher Größe erfordert. Auf diese wird verzichtet, wenn es sich um Speichervorräte für Notfälle mit nur sehr wenigen Umschlagszyklen handelt. Dann wird Frischwasser eingesetzt. Man wählt beim Anlegen der Kaverne die sog. Blumentopfform, da die Volumenvergrößerung im unteren Kavernenbereich am größten ist. Abbildung 24 zeigt eine solche Kaverne nach Solende und nach 5maligem Umschlag. Unter Vergrößerung des nutzbaren Volumens ist eine annähernde Zylinderform entstanden [62].

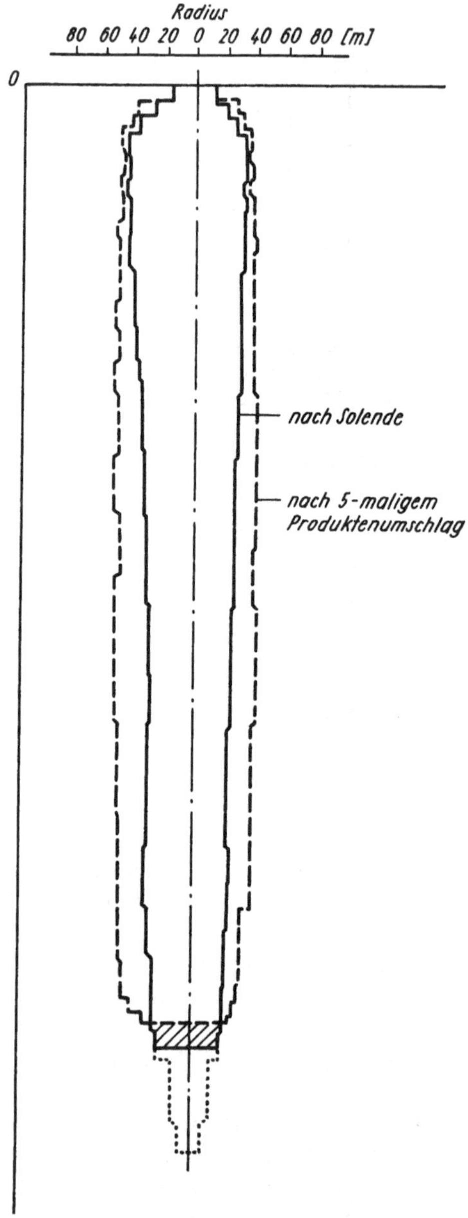

Abb. 24 Kavernenkonfiguration vor und nach fünfmaligem Speicherumschlag
[Nach: J. Hieblinger: Erdoel-Erdgas-Z. **91** (1975) 118]

Eine Reihe von Problemen ergeben sich, wenn Hohlräume in inhomogenem Salz gespült werden, wie das in Zechsteinfolgen der Fall ist. Als wesentlichste Salzminerale treten neben Halit NaCl Sylvin KCl, Bischofit $MgCl_2 \cdot 6H_2O$, Kieserit $MgSO_4 \cdot H_2O$, Arcanit K_2SO_4, Glaubersalz $Na_2SO_4 \cdot 10H_2O$, Carnallit $KCl \cdot MgCl_2 \cdot 6H_2O$ und Kainit $KCl \cdot MgSO_4 \cdot 2{,}75H_2O$ auf. Die relative Lösungsgeschwindigkeit dieser Minerale, bezogen auf die Lösungsgeschwindigkeit von NaCl, ist sowohl in reinem Wasser als auch in konzentrierter NaCl-Lösung sehr unterschiedlich, wie das aus Tabelle 4 hervorgeht. Diese von Röhr [63] rechnerisch ermittelten Werte zeigten mit den von uns [31] experimentell bestimmten Lösungsgeschwindigkeiten eine gute Übereinstimmung.

Tabelle 4
Relative Lösungsgeschwindigkeiten bei 0 und 4,8 mol/l NaCl-Konzentration [63]

	0	4,8
Halit	1	1
Kieserit	0,48	1,43
Arcanit	0,17	3,7
Bischofit	4,16	2,85
Sylvin	1,28	5,7
Glaubersalz	1,17	8,6
Carnallit	2,4	11,4
Kainit	1,08	5,5

Wenn man diese unterschiedlichen Lösungsgeschwindigkeiten unberücksichtigt läßt, ergeben sich mehrere Nachteile.

Die meist in geringerer Mächtigkeit auftretenden Flöze dieser Minerale, die selektiv gelöst werden, führen zu unregelmäßigen, wenig stabilen Hohlraumformen. In den fingerförmigen Ausspülungen können nach Befüllen flüssige Speicherprodukte so gefangen werden, daß sie bei der Entnahme nicht mehr gewinnbar sind. Um dies zu umgehen, wird zunächst aus Bohrkernuntersuchungen und den Ergebnissen geophysikalischer Messungen eine detaillierte Bestimmung der quantitativen Mineralzusammensetzung vorgenommen. Daraus und unter Einbeziehung eines experimentell ermittelten Lösungsgeschwindigkeitsdiagramms wird für jeden Teufenabschnitt das Spülprogramm aufgestellt. Die Ausspülung erfolgt also stufenweise nach einem genau berechneten „Fahrplan". Weiterhin muß beachtet werden, daß sich Kalium- und Magnesium-Salze auch noch in vollständig gesättigter NaCl-Lösung auflösen, so daß die Volumenkonstanz erst nach Befüllen mit Kohlenwasserstoffen erreicht werden kann [63].

Große Beachtung finden in der Gegenwart besonders die noch weitgehend ungelösten Probleme der Produktverluste bei der Speicherung von Erdgas und Öl. So können in ungünstigen Fällen bei Gaskavernen Druckverluste bis zu 30%, bei Ölkavernen bis zu 20% auftreten [68].

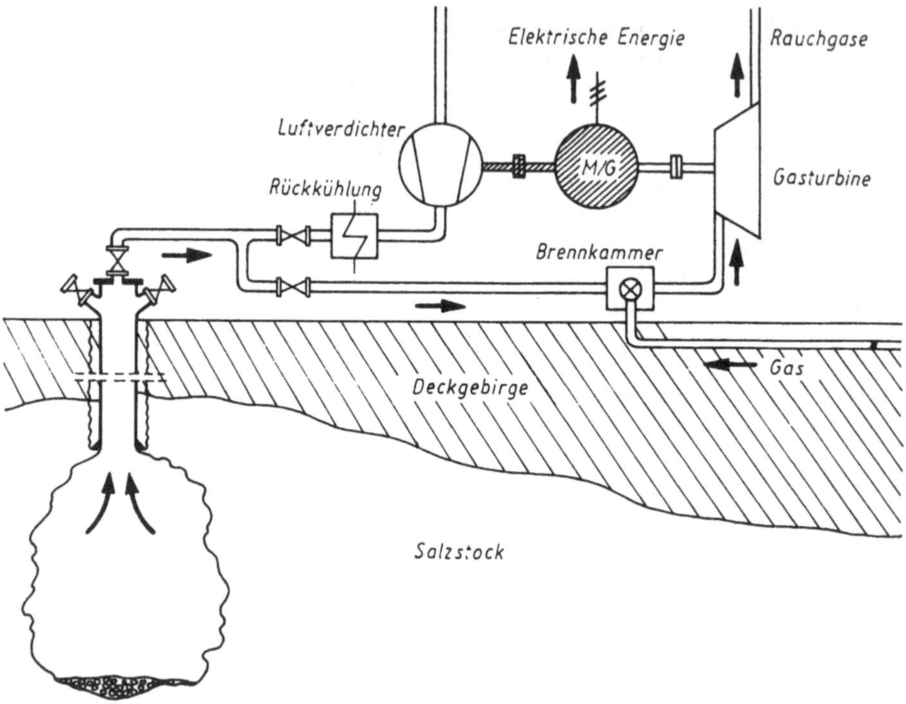

Abb. 25 Prinzip eines pneumatischen Spitzenkraftwerkes

Eine weitere Nutzungsmöglichkeit der Kavernen stellt die Verwendung als Druckluftspeicher für die Erzeugung von Elektroenergie in Spitzenzeiten dar. Als erstes pneumatisches Speicherkraftwerk der Welt wurde 1977 von den Nordwestdeutschen Kraftwerken AG die Kombination einer Gasturbine mit einer Kavernenanlage in Betrieb genommen. Das Prinzip der Anlage geht aus Abbildung 25 hervor. Die Förderung und Kompression der Verbrennungsluft, wofür etwa $^2/_3$ der Turbinenleistung aufgewendet werden müßten, wird mittels des Nachtstroms aus dem Netz durchgeführt und die Luft mit etwa 6 MPa in der Kaverne gespeichert. In Spitzenzeiten kann die Gasturbine mit Hilfe der gespeicherten Luft eine elektrische Nutzleistung abgeben, die mit 290 MW etwa das dreifache der Nutzleistung einer gleich großen konventionellen Gasturbine beträgt. Das genannte Kraftwerk kann täglich zwei Stunden Energie an das Netz abgeben. Für die Luftspeicherung sind täglich acht Schwachlaststunden vorgesehen [64].

Für die Lagerung radioaktiver Rückstände und hochgiftiger Abfallstoffe der chemischen Industrie sind Steinsalzlager aus mehreren Gründen geeignet. Salzlager sind weitgehend vom Wasserkreislauf isoliert und befinden sich in Gebieten geringer seismischer Aktivität. Die mechanische Festigkeit von Steinsalz entspricht der von Beton. Die Wärmeleitfähigkeit liegt 2 bis 3mal höher als die anderer

Gesteine, was besonders für radioaktive Stoffe von Bedeutung ist. Infolge der Plastizität des Steinsalzes werden evtl. gebildete Klüfte oder Spalten langsam wieder geschlossen [65].

Jedoch ist gegenwärtig noch eine Reihe von geotechnischen und geophysikalischen Schwierigkeiten zu überwinden, bevor die sichere Enddeponie von derartigen Substanzen in Salzkavernen durchgeführt werden kann [58]. Hingegen liegen über die Lagerung von Abfallstoffen in stillgelegten Salzbergwerken größere Erfahrungen vor [66, 67].

5. Heutige wissenschaftliche Fragen

5.1. Zur Kinetik der Kristallisation von NaCl

Für die Beherrschung von Kristallisationsprozessen und die Konstruktion technischer Kristallisatoren ist die Kenntnis der Kristallisationskinetik eine wichtige Voraussetzung, speziell für die Berechnung der Stoffübergangsprozesse an den Phasengrenzflächen. So können z. B. aus der scheinbaren Aktivierungsenergie für das Kristallwachstum Aussagen zum geschwindigkeitsbestimmenden Schritt und somit zum Mechanismus des Stoffübergangs erhalten werden.

Für die Kristallisation von NaCl, aber auch von KCl, AgCl und AgBr liegen von uns experimentelle Ergebnisse zur Bestimmung der Aktivierungsenergien für den Stoffübergang vor [69]. Dabei wurden auch die Aktivierungsenergien aus der Temperaturabhängigkeit des Stoffübergangs im Verlauf der Ostwald-Reifung mit radioaktiv markierten Ionen ($^{22}Na^+$, $^{42}K^+$, $^{36}Cl^-$, $^{82}Br^-$ und $^{110m}Ag^+$) ermittelt. Folgende Einflußgrößen waren zu berücksichtigen:

- Übersättigung des Systems
- Rührgeschwindigkeit
- Kristallgrößenverteilung
- Suspensionsdichte
- Oberflächenbeschaffenheit und Vorbehandlung der Kristalle
- Abwesenheit spezifisch wirkender Fremdionen und grenzflächenaktiver Stoffe

Die Messungen zum Stoffübergang in Abhängigkeit von den angeführten Parametern zeigten, daß bei der relativ niedrigen Übersättigung während der Ostwald-Reifung die Phasengrenzflächenvorgänge geschwindigkeitsbestimmend sind, nicht aber die Diffusion der Ionen zur Phasengrenzfläche. Damit sind die Desolvatation der Ionen bzw. der Einbau in das Kristallgitter für die Beurteilung des Stoffübergangsmechanismus an Phasengrenzflächen von Ionenkristallen maßgebend.

In Abbildung 26 ist die Kinetik des Stoffübergangs von der gesättigten Lösung zu den NaCl-Kristallen in Abhängigkeit von der Temperatur im Verlauf der Ostwald-Reifung des NaCl dargestellt. Dabei werden 2 charakteristische Teilschritte beobachtet, ein schnellerer und ein langsamerer. Bei der Berechnung der scheinbaren Aktivierungsenergien nach der Arrhenius-Gleichung (Abb. 27) konnten für

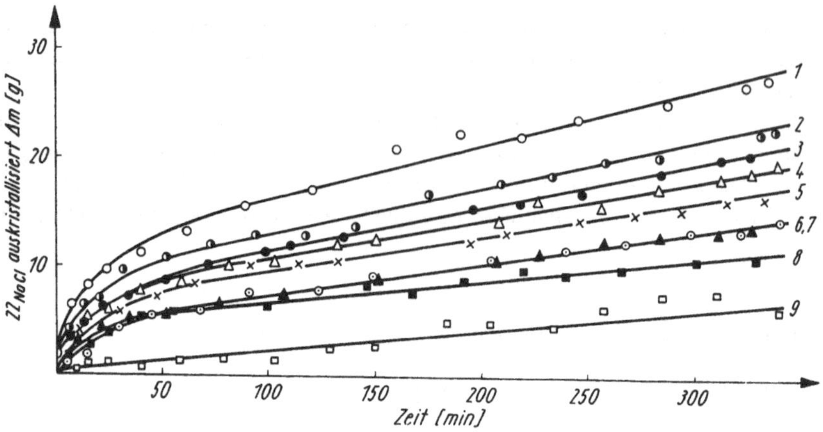

Abb. 26 Kinetik des Stoffübergangs von der gesättigten Lösung zu den NaCl-Kristallen in Abhängigkeit von der Temperatur im Verlauf der Ostwald-Reifung des NaCl

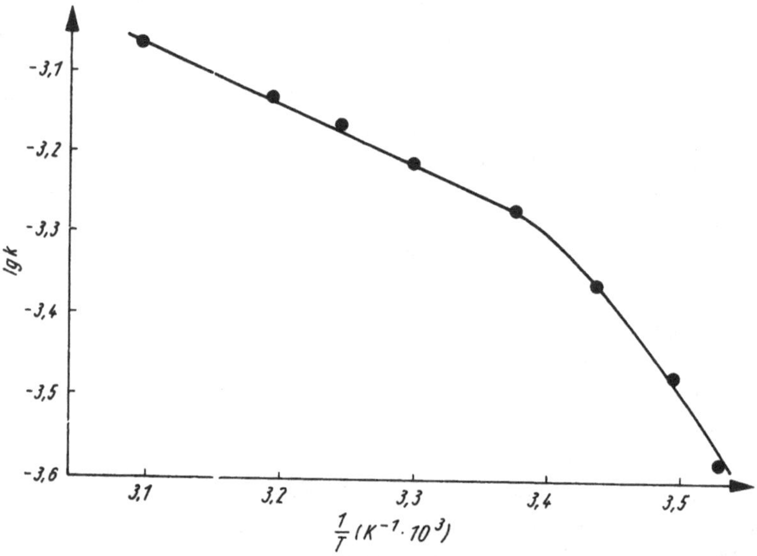

Abb. 27 Arrhenius-Gerade für die Stoffübergangsprozesse

die Temperaturen > 25 °C sowie < 18 °C für beide Teilschritte jeweils charakteristische Werte erhalten werden. Im Bereich von 18 bis 25 °C überlagern sich die Erscheinungen. So resultieren für Temperaturen > 25 °C Aktivierungsenergien für den Stoffübergang des NaCl von 18,8 bis 19,7 kJ mol^{-1}, für < 18 °C von 63,6 bis 68,6 kJ mol^{-1}. Dieser experimentelle Befund weist auf eine Änderung der Stoffübergangsmechanismen an der Phasengrenzfläche des NaCl in den verschiedenen Temperaturbereichen hin. Die Aktivierungsenergie unterhalb 18 °C ist charakteristisch für die Desolvatation der Ionen, während bei Temperaturen oberhalb 25 °C der Einbau der Ionen in das Kristallgitter geschwindigkeitsbestimmend sein sollte.

Interessant ist, wie WINZER in den letzten zwei Jahren in mehreren Arbeiten zur quantentheoretischen Berechnung von Aktivierungsenergien für den Stoffübergang an Phasengrenzflächen von Ionenkristallen bei Kristallisationsprozessen darlegte, daß zwischen der Aktivierungsenergie für den Stoffübergang an Phasengrenzflächen von Ionenkristallen und der Frequenz der longitudinal-optischen Phononen, also der Gitterschwingungen, eine quantenmechanische Beziehung besteht, und zwar, wenn der Einbau der Ionen in das Kristallgitter der geschwindigkeitsbestimmende Schritt des Stoffübergangs ist, wie es z. B. für NaCl bei hohen Rührgeschwindigkeiten, niedrigen Übersättigungen und Temperaturen oberhalb 25 °C annähernd realisiert ist [70]. Legt man die in der Literatur angegebenen Frequenzen der longitudinal-optischen Phononen zugrunde, so lassen sich für einzelne Flächen des NaCl-Kristalls die Aktivierungsenergien für den Stoffübergang nach folgender Beziehung berechnen:

$$E_A = 3 \cdot \nu_{\pm} \cdot N_L \cdot \hbar \cdot \omega_{LO} \cdot nq$$

E_A — Aktivierungsenergie für den Stoffübergang an der jeweiligen Fläche des Kristalls

$\nu_{\pm}$ — Zahl der Ionenarten im Kristall

N_L — Loschmidtsche Zahl

$\hbar$ — h/2 = Plancksche Konstante

ω_{LO} — Frequenz der longitudinaloptischen Phononen

nq — Schwingungsquantenzahl

Die auf diese Weise berechneten Aktivierungsenergien sind in Tabelle 5 den experimentell gemessenen Werten gegenübergestellt. Die gute Übereinstimmung zeigt, daß es prinzipiell möglich ist, Aktivierungsenergien für Stoffübergangsprozesse an Phasengrenzflächen von Ionenkristallen auch aus spektroskopischen Daten zu ermitteln, ein sicher beachtenswerter Weg.

Tabelle 5
Vergleich der aus quantentheoretischer Grundlage berechneten Aktivierungsenergien mit den experimentellen Werten für den Stoffübergang beim NaCl

Punkt	Wellenzahl der LO-Schwingungen (cm^{-1})	ω_{LO} (10^{13} s^{-1})	Aktivierungsenergie ($kJ\ mol^{-1}$) berechnet	gemessen
Γ	270	5,089	19,394	18,87–19,35
X	198	3,723	14,221	12,83–14,36
L	237	4,467	17,023	16,56–17,34
W	191	3,60	13,719	–
Mittelwert		4,222	16,089	16,07

5.2. Molekulare Vorgänge auf NaCl-Oberflächen

In den letzten Jahren wurden am Institut für Festkörperphysik und Elektronenmikroskopie von unserem Mitglied H. Bethge und Mitarb. im Rahmen von Untersuchungen der molekularen Vorgänge auf Kristalloberflächen auch Arbeiten mit NaCl-Kristallen durchgeführt [71]. Ich erinnere an den Festvortrag zum Akademiejubiläum. Weitere Arbeiten liegen inzwischen vor [72].

Untersuchungen der Oberflächenstruktur bei Kristallwachstum (z. B. Schraubenversetzungen, Stufenversetzungen) lassen sich an Alkalihalogenidkristallen besonders gut durchführen, da man, z. B. bei NaCl-Kristallen, von weitgehend atomar glatten Spaltflächen ausgehen kann. Bei Temperaturen zwischen 300 und 400 °C dampfen im Vakuum einige Netzebenen pro Minute ab. Die resultierenden Oberflächenstrukturen können mit Hilfe der Dekorationstechnik sichtbar gemacht werden. Dabei wird die Oberfläche mit einem Schwermetall — meist Gold — bedampft, wobei die Metallatome kleine Kriställchen bevorzugt an den Stufen des Kristalls bilden. Ein nachfolgend aufgedampfter Kohlefilm wird wieder abgelöst und diese indirekte Abbildung der Kristalloberfläche im Elektronenmikroskop untersucht. Die für NaCl-Kristalle charakteristischen Spiralsysteme — einfache

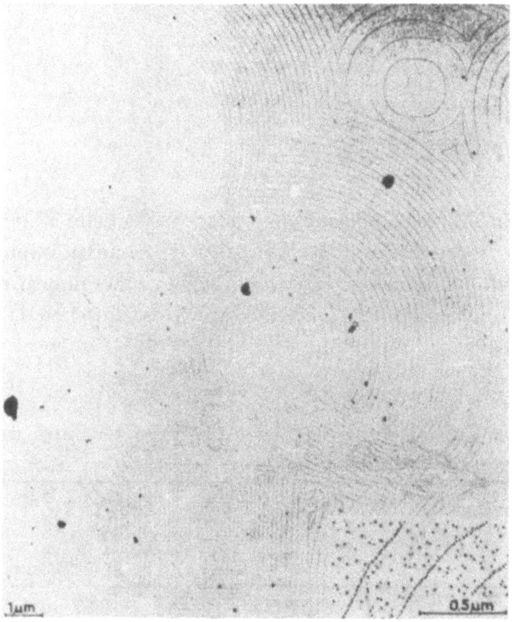

Abb. 28 Elektronenmikroskopische Aufnahme (9000× bzw. 40 000×) der durch Versetzungen induzierten Lamellensysteme an NaCl-Oberflächen nach längerer Abdampfzeit (400 °C, 90 min). Ausschnittvergrößerung zur Darstellung des Dekorationseffektes (Aus: H. Bethge: Sitzungber. AdW d. DDR 9-1-N. Berlin 1975)

bzw. doppeltrunde und quadratische Spiralen — sind in Abbildung 24 zu sehen. Mit Hilfe dieser Methode läßt sich relativ einfach die Abdampfgeschwindigkeit ermitteln, die für die Kristalloberfläche keine einheitliche Größe darstellt, sondern vom Typ der Versetzung abhängt. So wird im Bereich einer einfachen runden Spirale eine andere Abdampfgeschwindigkeit als im Bereich einer quadratischen Spirale gemessen.

Die weiteren Untersuchungen beschäftigen sich u. a. mit der Diffusion entlang der Stufen. Diese Effekte treten beispielsweise dann auf, wenn eine frische Spaltfläche des NaCl-Kristalls einer Atmosphäre mit einem gewissen Wasserdampfgehalt ausgesetzt wird. Die Oberfläche wird dabei im Bereich der vorliegenden Stufen angelöst. Wird der Kristall dann in ein Vakuum gesetzt, rekristallisieren die angelösten Molekeln wieder. Der ursprüngliche Stufenverlauf wird dabei völlig verändert, wobei die Umlagerung durch Transport entlang der Stufen erfolgt.

Da das Kristallwachstum einen übersichtlichen Prozeß darstellt, bei dem die elementaren Vorgänge sehr gut zu überblicken sind, ist es mit diesen Untersuchungen an atomaren Stufen möglich, hochinteressante Einsichten zu gewinnen.

5.3. Blaues Steinsalz

Blaues, auch violettfarbig auftretendes Steinsalz ist in den Salzlagerstätten nahezu aller Formationen weltweit verbreitet. Bild 4 B zeigt eine Probe aus den deutschen Zechsteinlagerstätten, bei der die unterschiedliche Färbung als auch der scharfe Übergang vom farblosen zum blauen Salz zum Ausdruck kommen.

Das Auftreten des blauen Steinsalzes in den Salzlagern fand erst in der zweiten Hälfte des vergangenen Jahrhunderts stärkeres Interesse in der Fachliteratur, obwohl schon Herodot vor zweieinhalb Jahrtausenden wußte, daß auf dem Gebiet des heutigen Libyens „das Salz daselbst sowohl weiß als purpurfarbig gegraben wird“ [13]. Das Steinsalz, das im Gebiet von Astrachan gewonnen wird, ist rosa und hat ein zartes, an Veilchen erinnerndes Aroma. In Rußland wurde es an der Tafel Katharinas II. gereicht und deshalb auch „Zarensalz“ genannt. Seine Farbe wird durch einzellige Algen hervorgerufen, die rosa und rote Pigmente aus der Gruppe der Carotine enthalten. Die blaue Farbe ist eine Erscheinung, die eng mit dem Bau des Kristallgitters des Natriumchlorids verbunden ist und nicht auf Beimengungen farbiger Verbindungen zurückgeführt werden kann. Bei intensiver mechanischer Zerkleinerung entfärbt sich das Blausalz ebenso wie beim Erhitzen oder beim Auflösen in Wasser. Die Rekristallisation erfolgt farblos.

Die eindeutige Erklärung dieses Phänomens ist erst in den letzten Jahrzehnten mit der Entwicklung der Theorie des kristallinen Festkörpers möglich geworden [73]. Jeder Realkristall enthält eine mehr oder weniger große Anzahl von Gitterstörungen. In festen Alkalimetallhalogeniden werden Elektronen an eine Anionenleerstelle gebunden (F-Zentrum). Hier ist die Ursache für die optische Absorption und damit für die im Falle des Steinsalzes blaue Farbe gegeben. Die Farbe resultiert aus den Elektronenübergängen zwischen den Energieniveaus der

Löcher (F-Zentren), in denen die Elektronen eingeschlossen sind. Diese Elektronen verhalten sich im Prinzip ähnlich wie die in flüssigem Ammoniak in „Lösungsmittelkäfigen" eingeschlossenen Elektronen, doch haben die Energieniveaus andere Abstände. Das Auftreten relativ freier Elektronen ist durch Messungen der paramagnetischen Suszeptibilität und der Elektronenspinresonanz eindeutig nachgewiesen worden. Die Blaufärbung des Steinsalzes ist unabhängig von der Art der Erzeugung der Elektronen.

So erhält man blaues NaCl auch, wenn weiße Kristalle mit metallischem Natrium erhitzt werden. Ebenso sind Röntgen- oder andere ionisierende Strahlungen in der Lage, blaues Steinsalz zu erzeugen. So entsteht heute das blaue Mineral in ehemaligen Steinsalzbergwerken, in denen radioaktive Abfälle hoher Aktivität gelagert werden. Auch unter dem Einfluß unterirdischer Kernexplosionen in Salzgruben ist eine weitreichende Blaufärbung des Steinsalzes eingetreten.

Ursache des natürlich entstandenen blauen Steinsalzes ist mit hoher Wahrscheinlichkeit die Radioaktivität des Kaliumisotops ^{40}K, der Elemente Uranium und Radium und sicherlich auch die Strahlung heute längst zerfallener Nuclide, beispielsweise des Poloniums. Ursache einer Schwarzfärbung ist die Strahlung des natürlichen Radionuclids Rubidium-87, das zu einem bestimmten Anteil im Natriumchloridgitter eingebaut ist. Lagerstättenkundliche Untersuchungen deuten darauf hin, daß in einigen Fällen die Erklärung der Verfärbung durch natürliche Radioaktivität schwierig erscheint, jedoch fehlen andere Erklärungsversuche bisher völlig [74].

Es sei an dieser Stelle darauf verwiesen, daß auch bei den Erdalkalimetallhalogeniden intensiv gefärbte Verbindungen gefunden wurden, deren Aufklärung erst in den letzten 20 Jahren gelang. So wurden z. B. die roten, durchsichtigen Kristalle, die bei der elektrolytischen Abscheidung von Calcium aus geschmolzenem $CaCl_2$ erhalten werden, zunächst für CaCl gehalten. Sie erwiesen sich jedoch später als Ca_2NCl, in dem metallisches Calcium gelöst enthalten ist. Im Rahmen unserer umfangreichen Untersuchungen der Systeme Erdalkalimetall—Erdalkalimetallhalogenid konnten wir auch für die anderen Erdalkalimetalle in den Schmelzen ihrer Halogenide zeigen, daß Me^+-Ionen in keinem Falle auftreten [75, 76].

6. Schlußbetrachtungen

Die Ausführungen zeigen, daß das Salz, das schon in grauer Vorzeit die Menschen bewegte, auch heute noch zahlreiche wissenschaftliche Fragen aufwirft und auf vielen Gebieten der stoffwandelnden Industrie Gegenstand neuerer Entwicklungen ist. Auch in Zukunft werden dem Salz offensichtlich weitere Anwendungsgebiete erschlossen werden.

So wurde in letzter Zeit ein Verfahren erprobt, in dem bei der Wirbelschichtverbrennung schwefelhaltiger Brennstoffe ein wesentlicher Teil des üblicherweise zur Verminderung der Korrosion zugesetzten Kalks durch NaCl-Beimengungen in

Höhe von 1% der Kohlemenge ersetzt werden kann. Das Steinsalz, an das dabei keine besonderen Reinheitsanforderungen zu stellen sind, vergrößert die Porosität des Kalks und damit seine wirksame Oberfläche [77].

Nachdem sich das iodierte Speisesalz in den letzten Jahrzehnten bewährt hat, wird neuerdings über NaCl als Träger für Fluor diskutiert, wobei noch eine Reihe von Problemen der Zudosierung des Fluorsalzes sowie mögliche nachteilige Wirkungen zu untersuchen sind. Als optimal wird ein F-Zusatz in der Größenordnung von 10^2 ppm angesehen [78].

Auch als Hilfsstoff zur Wasserenthärtung im Haushalt gewinnt das NaCl in letzter Zeit an Bedeutung. So werden in den USA z. Z. jährlich 3 Mill. t NaCl als Regeneriermittel für die in Haushaltwaschmaschinen und Geschirrspülautomaten eingesetzten Ionenaustauscher verwendet, in Westeuropa nur etwa 100 000 t [79]. Schließlich zeigt sich am Beispiel des Steinsalzes, daß die weltweite Veränderung der Rohstoffsituation auch vor einem solch scheinbar unerschöpflichen Rohstoff wie dem Salz nicht haltmacht, sei es, daß die Lagerstätten reinsten Salzes sich erschöpfen, sei es, daß beim Meeressalz die anorganischen und organischen Verunreinigungen, die der Mensch durch seine industrielle Tätigkeit ins Meer einbringt, zunehmend bei der Meersalzgewinnung Beachtung finden müssen.

Stellen wir deshalb an den Schluß der Ausführungen über das Natriumchlorid folgende Worte eines unbekannten Autors aus dem 17. Jahrhundert:

„Bleibt dahero eine ohnbetrügliche Warheit,
daß das Saltz ein wahres Element und der
allerköstlichste Schatz der Welt seye,
welchem weder Gold, Silber noch Edelgesteine zu vergleichen,
dieweilen die sämtliche übrige Sachen,
meistens aus der eitlen imputation der Menschen,
ihren Werth und Hochachtung bekommen, und Theils gar keinen,
Theils in Vergleichung mit dem Edlen Saltz
einen zimlich schlecht – und – geringen Nutzen
in dem Menschlichen Leben beytragen,
dahingegen die gantze Natur ihr Leben, Krafft,
Wachsthum und Erhaltung dem lieben Saltz zu dancken hat . . .“ [80].

Sicher etwas übertrieben, aber vielleicht als Fazit des Vortrages nicht ganz unberechtigt.

Literatur

[1] Plinius: Natur. Histor. 31, Cap. 9 (zit. in [80]).

[2] H. Taubert: N. Bergbautechn. 4 (1974) 5.

[3] W. Gimm: Kali- und Steinsalzbergbau, Bd. 1. Leipzig 1968; Chem. Ind. **26** (1974) 14; Chim. Prom. **1972**, 681.

[4] Yearbook of the United Nations 1975 (Statistisches Jahrbuch der UNO 1975). XXIX. Jahrgang. Hrsg. v. New York Department of Public Information United Nations.

[5] Chem. Ind. **26** (1974) 311.
[6] Industrial Minerals, London 1977, 112, S. 13.
[7] DDR-Außenwirtschaft (Berlin) 4 (1976) 46, S. 12.
[8] Firmenschrift der DBS (Deutsche Beratungsgesellschaft für Salinentechnik), Zellhausen (BRD) 1978.
[9] Glückauf (Essen) **113** (1977) 130.
[10] H.-H. Emons: Die Anwendung der Sonnenenergie zur Mineralsalzgewinnung. Plenum und Klassen d. AdW der DDR 3/76, S. 103.
[11] V. Hehn: Das Salz — eine kulturhistorische Studie. Berlin 1873.
[12] J. Schroeter: CIBA-Zeitschr. **90** (1943) 3154.
[13] M. J. Schleiden: Das Salz — seine Geschichte, seine Symbolik und seine Bedeutung im Menschenleben, Leipzig 1875.
[14] A History of Technology. Vol. 1. Oxford 1967.
F. Morton: Hallstatt und die Hallstattzeit, Hallstatt 1955.
K. Riehm: Arch. Austr. Heft 38, Wien 1965.
[15] W. Carlé: Oberrhein. geol. Abhandl. **14** (1965) 141.
[16] K. Riehm: Jschr. mitteldt. Vorgesch. **56** (1972) 195.
[17] J. O. Buschman: Das Salz — dessen Vorkommen und Verwertung in sämtlichen Staaten der Erde, Bd. 1. Leipzig 1909, S. 57.
[18] P. L. Gouletquer, D. Kleinmann: Mitt. Anthropol. Gesellsch. Wien CVII. (1978) 41.
[19] R. J. Forbes: Studies in ancient technology. Vol. III. Leiden 1965.
[20] Vgl. [13], S. 69.
[21] J. O. Buschmann: Das Salz — dessen Vorkommen und Verwertung in sämtlichen Staaten der Erde, Bd. 2. Leipzig 1906, S. 289.
[22] Vgl. [11], S. 72.
[23] Vgl. [13], S. 72.
[24] A. Franz: Die kirchlichen Benediktionen im Mittelalter. Wien 1909.
[25] K. Riehm: Jschr. mitteldt. Vorgesch. **57** (1973) 197.
[26] H. Freydank: Geschichte der Halleschen Pfännerschaft. Halle/S. 1927—1930.
[27] K. Riehm: Jschr. mitteldt. Vorgesch. **58** (1974) 295.
[28] G. Galinsky, R. Stenzel: Freiberg. Leipzig 1978.
[29] W. Gimm: Kali- und Steinsalzbergbau, Bd. 1. Leipzig 1968, S. 406.
[30] W. Strubell: Kali und Steinsalz 5 (1969) 209.
[31] H. Hofmann, H.-H. Emons: Bergakademie **21** (1969) 486, 554, 674.
[32] H.-H. Emons: Probleme der technischen Massenkristallisation. Sitzungsber. AdW der DDR, 4-N. Berlin 1975.
[33] H.-H. Emons u. Mitarb.: Freiberger Forschungshefte, A 600, Leipzig 1979.
[34] A. N. Ščukarev: Ž. Russ. Fiz.-Chim. Obš. **28** (1896) 604.
[35] A. A. Noyes, R. Whitney: J. Amer. Chem. Soc. **19** (1897) 930.
[36] W. Nernst: Z. Elektrochem. **7** (1900) 267.
[37] H. J. Rösler, H. Lange: Geochem. Tabellen. 2. Aufl., Leipzig 1975.
[38] Isotopenpraxis **12** (1976) 406, 407.
[39] H.-H. Emons: Sitzungsber. AdW der DDR, in Vorbereitung, Berlin 1979.
[40] J. Rocamora, J. M. Rafols: Vortrag V. Internationales Salz-Symposium, Hamburg 1978.
[41] J. Schneider, A. G. Herrmann: Vortrag V. Internationales Salz-Symposium, Hamburg 1978.

[42] J. S. Davis: Vortrag V. Internationales Salz-Symposium, Hamburg 1978.
[43] W. Schäffler: Kali und Steinsalz **7** (1978) 365.
[44] M. A. Perinelli: Vortrag V. Internationales Salz-Symposium, Hamburg 1978.
[45] G. Voigt: Kali und Steinsalz **7** (1978) 367.
[46] H. Kawate: Vortrag V. Internationales Salz-Symposium, Hamburg 1978.
[47] T. Seto, H. Kawate, R. Komori: Desalination **22** (1977) 495.
[48] Ullmanns Encyklopädie der technischen Chemie, 4. Aufl., Bd. 9, Kap. Chlor. Weinheim 1975.
[49] O. Lopau: Vortrag V. Internationales Salz-Symposium, Hamburg 1978; Der Lichtbogen (Hrsg. Chem. Werke Hüls/BRD) Nr. 188 (Dez. 1977), S. 4–8.
[50] US 2, 787, 591 (1949).
[51] Elektrochem. Technol. **5** (1967) 137, 257.
[52] GB 952 532 (1962).
[53] P. H. Ralston, R. R. Mitchel: Elektrochem. Technol. **5** (1967) 262.
[54] DAS 1,209,562 (1960).
[55] R. Schöberle: Vortag V. Internationales Salz-Symposium, Hamburg 1978.
[56] J. H. G. van der Stegen: Vortrag V. Internationales Salz-Symposium, Hamburg 1978.
[57] W. Schade: Vortrag V. Internationales Salz-Symposium, Hamburg 1978; Der Lichtbogen (Hrsg. Chem. Werke Hüls/BRD) Nr. 188 (Dez. 1977), S. 9–16.
[58] H.-G. Haddenhorst: Kali und Steinsalz **7** (1978) 363.
[59] J. Hieblinger, W. Kleinitz: Vortrag V. Internationales Salz-Symposium, Hamburg 1978.
[60] H.-G. Haddenhorst et al.: Erdoel-Erdgas-Zeitschr. **90** (1974) 154.
[61] H.-U. Röhr: Kali und Steinsalz **6** (1975) 12, 1–10.
[62] J. Hieblinger, W. Kleinitz, S. Meister: Erdoel-Erdgas-Zeitschr. **91** (1975) 118.
[63] H.-U Röhr: Vortrag V. Internationales Salz-Symposium, Hamburg 1978; Erdöl und Kohle-Erdgas-Petrolchemie **22** (1969) 670.
[64] H.-Chr. Herbst, Z. S. Stys: Vortrag American Power Conference, Chicago 1978; H.-Chr. Herbst: VDI-Berichte Nr. 236 (1975) S. 133–145.
[65] Chem.-Ztg. **101** (1977) 245; Elektrotechn. Z. (W-Berlin) **A 98** (1977) 373.
[66] A. Finkenwirth, G. Johnsson: Vortrag V. Internationales Salz-Symposium, Hamburg 1978.
[67] J. Hamstra, P. Th. Velzeboer: Vortrag V. Internationales Salz-Symposium, Hamburg 1978.
[68] N. E. van Fossan: Vortrag V. Internationales Salz-Symposium, Hamburg 1978.
[69] A. Winzer: Kristall und Technik **13** (1978) 127, 243.
[70] A. Winzer: Kristall und Technik **13** (1978) 115, 243, 495, 947.
[71] H. Bethge: Molekulare Vorgänge auf Kristalloberflächen. Sitzungsber. AdW der DDR 9-1-N. Berlin 1975.
[72] Phys. u. Chem. d. Kristalloberfl., Leopoldina-Symp. 1978.
[73] N. N. Greenwood: Ionenkristalle, Gitterdefekte und nichtstöchiometrische Verbindungen, Weinheim 1973.
[74] F. Kirchheimer: Kali und Steinsalz **7** (1978) 271.
[75] H.-H. Emons, W. Grothe: Z. Chem. **2** (1962) 157.
[76] H.-H. Emons: Chem. Zvesti **28** (1974) 433.
[77] L. L. Gasner: Vortrag V. Internationales Salz-Symposium, Hamburg 1978.

[78] R. Rutishauser, F. M. Marthaler: Vorträge V. Internationales Salz-Symposium, Hamburg 1978.
[79] B. G. Wienk: Vortrag V. Internationales Salz-Symposium, Hamburg 1978.
[80] C.F.I.V.I: Kurtze doch gründliche Beschreibung der vortrefflichen Eigenschaften des edlen gemeinen Saltzes und dessen gedoppelten herrlichen Nutzens in dem menschlichen Leben. Christian-Erlang 1708.

Bildnachweis

1 B, 4 B	Bergakademie Freiberg, HFBS
Abb. 10	H. Winkelmann: Das Halleiner Salzwesen. Wethmar 1966
Abb. 12	PGH Fotozentrum Leipzig
Abb. 13	O. Lopau: Der Lichtbogen. Dezember 1977, S. 6
2 B	J. Rocamora, J. M. Rafols: Vortrag V. Internationales Salz-Symposium Hamburg 1978
3 B	Dampier Salt Ltd., Perth (Australien)
Abb. 25	Kavernen Bau- und Betriebsgesellschaft mbH Hannover
Abb. 4	F. Morton: Hallstatt und die Hallstattzeit, Hallstatt 1955
Abb. 5	A History of Technology. Vol. 1. Oxford 1967
Abb. 6	W. Carle: Oberrhein. geol. Abhandl. **14** (1965) 141
Abb. 7, 8	K. Riehm: Jschr. mitteldt. Vorgesch. **56** (1972) 195
Abb. 9	K. Riehm: Jschr. mitteldt. Vorgesch. **58** (1974) 295
Abb. 28	H. Bethge: Sitzungsber. AdW der DDR 9-1-N. Berlin 1975

1 B

Steinsalz

2 B

Teilansicht der Meeressaline Torrevieja/Spanien

3 B

Salzgewinnung in einer australischen Seesaline

4 B

Blaues Steinsalz

MIX
Papier | Fördert gute Waldnutzung
FSC® C083411

Zeitfracht Medien GmbH
Ferdinand-Jühlke-Straße 7
99095 Erfurt, Deutschland
produktsicherheit@kolibri360.de